内衣、睡衣、家居服板样70例

智海鑫　组织编写

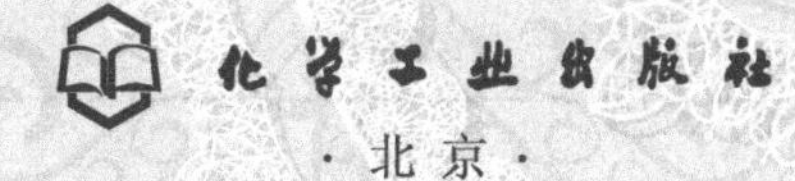

·北京·

本书总共分为六章。第一章是关于服装量体的基础知识，包括文胸、内裤、骨衣的纸样放缩尺寸依据等；第二章是关于文胸的板样结构图例；第三章是关于女式内衣的板样结构图例；第四章是关于女式睡衣（家居服）的板样结构图例；第五章是男式内衣的板样结构图例；第六章主要是男式睡衣（家居服）的板样结构图例。

本书不仅适合服装设计、裁剪初学者及服装制板专业人士阅读，也适合服装制作业余爱好者阅读。

图书在版编目（CIP）数据

内衣、睡衣、家居服板样70例/智海鑫组织编写. —北京：化学工业出版社，2015.9（2025.2重印）

ISBN 978-7-122-24893-0

Ⅰ.①内… Ⅱ.①智… Ⅲ.①服装样板 Ⅳ.①TS941.631

中国版本图书馆CIP数据核字（2015）第185677号

责任编辑：张　彦　　装帧设计：王晓宇

责任校对：宋　玮

出版发行：化学工业出版社（北京市东城区青年湖南街13号　邮政编码100011）

印　　装：北京盛通数码印刷有限公司

787mm×1092mm　1/16　印张8　字数180千字　2025年2月北京第1版第12次印刷

购书咨询：010-64518888　　售后服务：010-64518899

网　　址：http://www.cip.com.cn

凡购买本书，如有缺损质量问题，本社销售中心负责调换。

定　价：39.00元

前言
FOREWORD

内衣的历史渊源流长。中国最早的内衣是肚兜，而文胸则诞生于公元十四世纪欧洲文艺复兴时期的贵族社会。当时，欧洲的贵族女性就已流行穿塑身内衣，并认为这种内衣能够引导身体的成长。此后，医学的发展又不断证实，合体、舒适的内衣，不仅仅具有遮羞、保暖和美化身材的作用，更有助于维持身体和皮肤的健康。

例如合体的文胸不仅能够为女性的胸部塑形，美化胸部，而且穿着舒适，不压迫胸部，能令气血顺畅运动，促进胸部的健康发育，大大降低了女性因文胸穿着不当损伤乳房，以及罹患乳腺小叶增生等多种乳房疾病的风险；棉质内衣不仅穿着舒适，并且具有吸汗、透气等特点，冬季穿着保暖，夏季穿着散热，有助于保持皮肤干燥清洁，维护皮肤健康，大大减少人体肌肤由于过度潮湿等因素罹患湿疹等某些皮肤病的风险。

所以，现代人对内衣的重视不亚于对外衣的重视。巨大的内衣消费市场无疑促进了服装内衣业的繁荣。

编者在近两三年比较流行的一些男女内衣、睡衣及家居服款式中，精选出70例荟萃结集，与读者分享。

本书总共分为六章。第一章是关于服装量体的基础知识，包括文胸、内裤、骨衣的纸样放缩尺寸依据等；第二章是关于文胸的板样结构图例；第三章是关于女式内衣的板样结构图例；第四章是关于女式睡衣（家居服）的板样结构图例；第五章是男式内衣的板样结构图例；第六章主要是男式睡衣（家居服）的板样结构图例。本书中出现的数字，除特殊标注外，均以厘米为单位。

本书内容丰富，实用性强，不仅适合服装初学者及服装制板人士阅读，也适合服装制作业余爱好者阅读。

本书在编写过程中，得到了众多专业人士的指点、支持，在此表示感谢。由于时间等因素，本书在编撰过程中，难免存在不足之处，肯请广大读者指正。

再次谢谢大家。

编者

CONTENTS 目录

目录
CONTENTS

目录 CONTENTS

Chapter 1

第一章

服装量体基础知识

一、服装量体的基本方法

（1）胸围：代表上衣类服装的“型”。量体时，在衬衫外，沿着腋下，绕过胸部最丰满处，水平围量一周，根据需要加放尺寸。

（2）腰围：代表裤子类服装的“型”。量体时，在单裤外，沿着腰部最细处水平围量一周，根据需要加放尺寸。

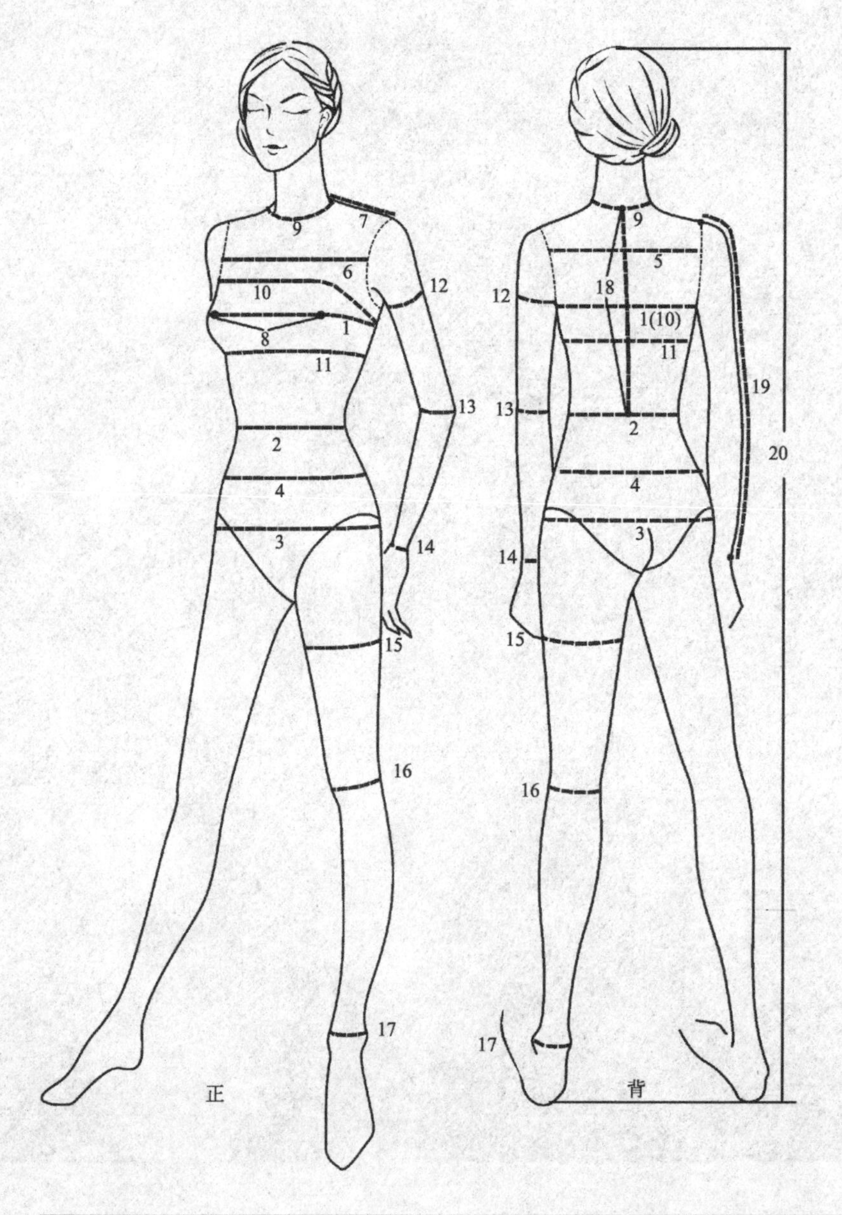

人体测量部位

1. 胸围
2. 腰围
3. 臀围
4. 上臀围
5. 背宽
6. 胸宽
7. 肩宽
8. 乳间距
9. 颈根围
10. 腋下围
11. 乳下围
12. 上臂最大围
13. 肘围
14. 腕围
15. 大腿围
16. 膝围
17. 脚踝围
18. 背长
19. 袖长
20. 身高

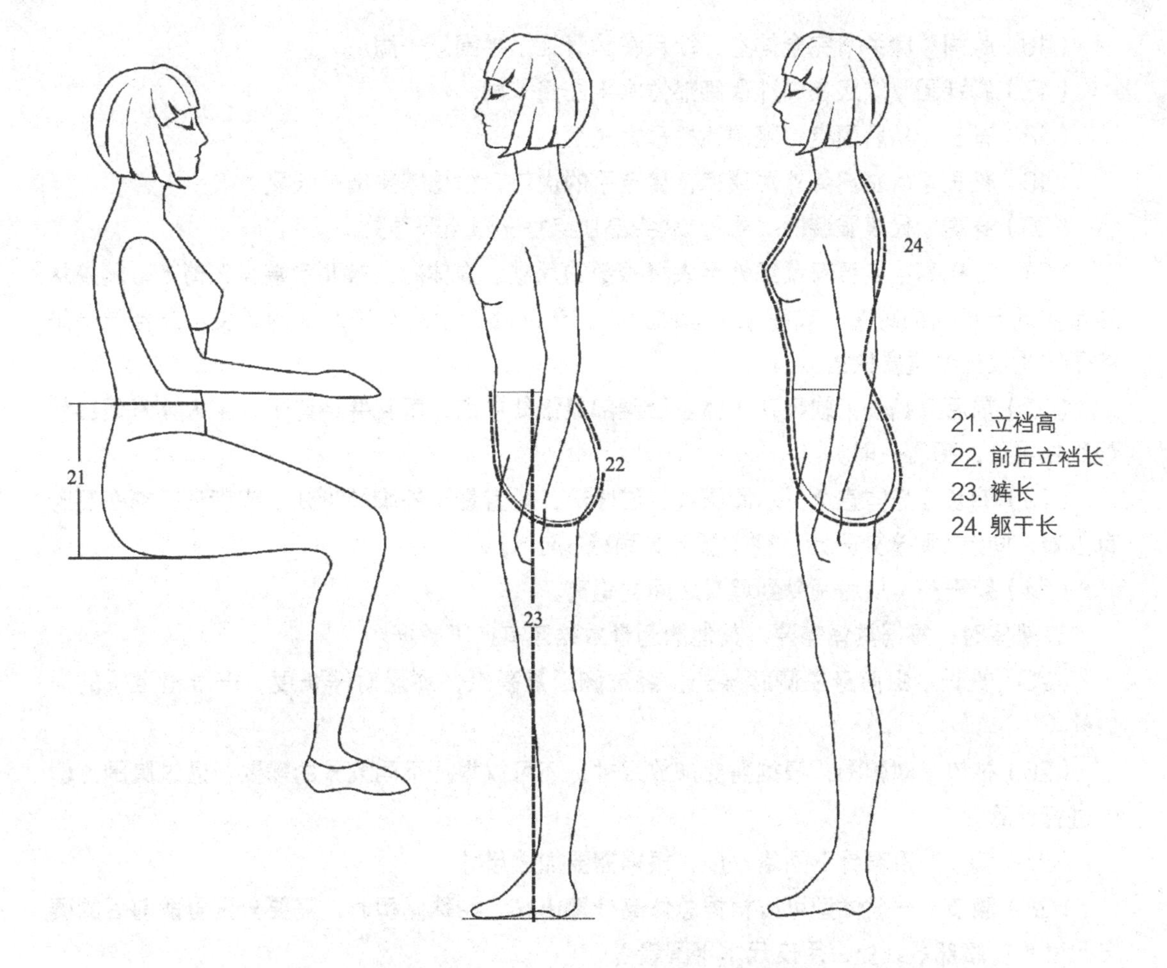

（3）臀围：绕臀部最丰满处水平围量一周，根据需要加放松度。

（4）上臀围：软尺在腰与臀的相接处（大约距离腰部10厘米处）水平围量一周。

（5）背宽：测量背部左右后腋点之间的长度。

（6）胸宽：测量前胸左右前腋点之间的长度。

（7）肩宽：从后背左肩骨外端顶点，测量到右肩骨外端顶点（软尺在后背中央贴紧后脖根略成弧形）。根据需要加放量。如果服装的款式需要夸张，肩宽可以适当放宽。做灯笼袖款可以适当改窄。

（8）乳间距：左右乳峰点之间的长度。

（9）颈根围：以颈椎点为起点，经左、右颈根外侧点和颈窝点，量至起点的围长。

（10）腋下围：软尺绕左右腋下水平围量一周。

（11）乳下围：在乳房下端用皮尺水平围量一周。

（12）上臂最大围：在上臂最粗的位置水平围量一周。

（13）肘围：曲臂后，通过肘点水平围量一周。在紧身袖制图时，必须有这个尺寸。

（14）腕围：通过手掌根水平围量一周。

（15）大腿围：由臀沟下缘处的大腿根，水平围量一周，即裤子下裆往下1英寸（约2.54厘米）处的裤管的围度。

（16）膝围：膝关节完全伸直，软尺在膑骨处水平围量一周。

（17）脚踝围：软尺在脚踝最细部位水平围量一周。

（18）背长：从后颈点到腰围线的垂直长度。

（19）袖长：从左肩骨外端顶点，量至手的虎口，根据需要增减长度。

（20）身高：代表服装的“号”，从头部顶点垂直量至脚跟处。

（21）立裆高：从腰部最细处至大腿根部的尺寸。量体时，被测者端坐在椅上，测量从腰带中间至椅面的距离；或者被测者站立，测量从腰带中间至臀凹处的长度。立档长度是裤子结构设计的重要依据。

（22）前后立裆长：软尺在人体正面腰部最细处中点，垂直并绕胯下，至人体背面腰部最细处中点，围量一周。

（23）裤长：身体直立，从腰围线经过膝部，垂直量至外脚踝骨处；或者从腰部左侧胯骨上端，向上4厘米处开始，往下量至脚跟减3厘米。

（24）躯干长：从后颈骨到尾骨之间的距离。

在量体时，根据具体需要，其他的测量数据还有如下数据。

（25）衣长：由前身左侧脖根处，经过胸部最高点，测量对需长度，一般量至手的虎口处。

（26）袖口：即腕围，根据需要加放尺寸，还可以根据不同款式的需要，通过胸围比例法进行计算。

（27）领大：沿喉骨下围量一周，根据需要加放尺寸。

（28）腰节：一般体型可以根据总体高计算出来。特殊体型时，需要分别量取前后的腰节尺寸（在腰部最细处，用皮尺水平围量）。

（29）上裆：从腰部右侧胯骨上端开始向上4厘米处，量至大腿根的距离。

（30）肩宽：左右肩端点之间的长度，需要通过后颈点进行测量。

（31）总长：从后颈点向下垂放皮尺，在腰围处轻轻按住，一直量到脚底。

（32）后长：从侧颈点开始，经过肩胛骨，一直量到腰围线。

（33）前长：从侧颈点开始，经过乳峰点，量到腰围线。

（34）乳下垂：从侧颈点量到乳峰点间的长度。

（35）腰高：从腰围线到臀围线之间的长度，需要在靠近侧缝的位置测量。

（36）裆长：从股根部量到脚踝骨的距离。

（37）肩袖长：从后颈点开始经过肩端点沿自然下垂的胳膊量到手根点。

（38）手掌围：拇指轻轻向掌侧弯曲，通过拇指根水平围量一周。

（39）头围：通过前额中央，耳朵的上方和后头部的突出部位水平围量一周。

（40）膝长：从腰围线量到膝盖骨的垂直长度。

（41）裙长：从腰围线量至需要的裙摆线位置的长度。

（42）中臀围：在腰围与臀围中间的位置，水平测量一周。

（43）臂根围（袖窿周长）：通过肩峰及腋下围量一周，在这个尺寸上加1/10左右的量可做为袖窿尺寸的基准。

二、量体的注意事项

（1）在量体前，先要仔细观察人体的整体及主要部位，对体型和特殊部位做到心中有数。

（2）量体时，被量人需要站姿端正，站立的姿势要自然，自然呼吸，不要做深呼吸。

（3）在围量横度的时候，皮尺既不要过松，也不要过紧，要松紧适度，保持水平。

（4）在围量胸围的时候，被量人需要双臂垂直；在围量腰围的时候，一定要放松腰带。

（5）如果在冬季做夏季服装，或者在夏季做冬季服装，那么在量体的时候，需要根据顾客和要求，适当缩小或者放大尺寸。

（6）在量体的时候，要注意仔细观察被量人的体型特征，有特殊部位的一定要注明，以备在裁剪时进行参考。

（7）量体时，不同的体型有不同的要求，所以，体型肥胖的人，量体的尺寸不要过肥或者过瘦，而体型削瘦的人，在量体时尺寸要稍微宽松一点。

（8）量体的时候，一定要按照顺序进行测量，以免遗漏重要的部位。

三、内衣尺码规格表

（1）胸罩的型号和尺寸

一般来说，胸罩的型号是由胸罩的尺寸和罩杯的尺寸两部分组合而成的。我们平常所说的女性胸围，通常是指用软尺沿着女性的乳头水平围绕一周的长度。而胸罩的尺寸，通常是指女性的下胸围，也就是用软尺，沿绕着女性的乳根水平围量一周的长度。罩杯的尺寸一般是指用女性的胸围减去下胸围的差数，即：罩杯尺寸 = 胸围 − 下胸围。

罩杯有A、B、C、D、E五种规格。如果胸围和下胸围之差数在10厘米左右，为A罩杯；如果胸围和下胸围之差数在13厘米左右，为B罩杯；如果胸围和下胸围之差数在15厘米左右，为C罩杯；如果胸围和下胸围之差数在18厘米左右，为D罩杯；如果胸围和下胸围之差数在20厘米左右，为E罩杯。罩杯尺寸每2.5厘米为一级，最小为7.5厘米，A罩杯10厘米，B罩杯12.5厘米，C罩杯15厘米，D罩杯17.5厘米，E罩杯20厘米。如果超过20厘米，就属于特殊尺寸。胸罩尺码及罩杯尺寸见表1及表2。

表1　胸罩尺码一览表

下胸围/厘米	上胸围/厘米	国际尺码
68～72	80	70A
	83	70B
	85	70C
	88	70D
	90	70DD
73～77	85	75A
	88	75B
	90	75C
	93	75D
	95	75DD
	98	75E
78～82	90	80A
	93	80B
	95	80C
	98	80D
	100	80DD
	103	80E
83～87	95	85A
	98	85B
	100	85C
	103	85D
	105	85DD
	108	85E

续表

下胸围/厘米	上胸围/厘米	国际尺码
88～92	103	90B
	105	90C
	108	90D
	110	90DD
	113	90E

表2 胸罩罩杯尺寸一览表

罩杯型号	上、下胸围之差/厘米
AA	约7.5
A	约10
B	约12.5
C	约15
D	约17.5
E	约20

（2）束裤尺码表（表3）

表3 束裤尺码表

尺码	身高/厘米	围度/厘米
M	150～160	85～93
L	150～165	90～98
XL	160～170	95～103

（3）女式内裤标准尺码表（表4）

表4 女式内裤标准尺码表

号码	型号	腰围	臀围
S	150～155	55～61	80～86
M	155～160	61～67	85～93
L	160～165	67～73	90～98
XL	165～170	73～79	95～103

(4)女式针织类内衣号码表(表5)

表5　女式针织类内衣号码表

号数	S	M	L	XL	XXL
	85	90	95	100	105
胸围	81～89	86～94	91～99	96～104	101～109
身高	150～160	155～165	160～170	165～175	170～180
臀围	81～89	86～94	91～99	96～104	101～109

(5)男士背心尺码对照表(表6)

表6　男士背心尺码对照表

号型	165/90	170/95	175/100	180/105	185/110
身高/厘米	165～170	170～175	175～180	180～185	185～190
胸围/厘米	88～93	93～98	98～103	103～108	108～113

(6)男士内裤尺码对照表(表7)

表7　男士内裤尺码对照表

号型	165/80	170/85	175/90	180/95	185/100
腰围/厘米	77～82	82～87	87～92	92～97	97～102
臀围/厘米	87～91	92～96	97～100	100～103	103～106

四、胸罩纸样放缩的尺寸依据

在进行工业制板和推板的时候，在规格设计中的数值一定要具有科学性和专业性，要符合一定的标准，不然的话，就不能够制定出合理的样板，自然也不能够推出合理的系列板型。

(1)下胸围：因为文胸的放缩是以下胸围作为基础，所以，根据胸罩的号型规格，下胸围的尺寸通常是以5厘米为一个档差，即70厘米、75厘米、80厘米、85厘米。但是，在实际进行放缩的时候，由于使用不同的面料，所以，实际上是以4cm作为一个档差。

（2）杯宽：根据人体尺寸的增减，每一档的上胸围增加2.5厘米，而杯宽的档差实际上取1 ~ 1.2厘米。

（3）杯骨：杯骨的推档，需要参照杯宽的尺寸。将杯宽和下胸围的档差综合起来考虑，杯骨的档差一般取1厘米。

（4）杯高：根据人体的尺寸，下杯的档差通常是0.5厘米。通常情况下，上杯高的档差需要参考下杯高的档差，取0.3 ~ 0.5厘米。所以，杯高的档差通常取0.8 ~ 1厘米。

（5）捆碗：一般来说，捆碗的推档是根据钢圈的外围尺寸来定的，它的档差和钢圈的档差是一样的，通常都是1.3厘米。

（6）侧比高：根据钢圈的档差，侧比高的档差通常是0.5厘米。

另外，选择不同的钢圈，罩杯的尺寸的档差也会有一定的变化。

五、内裤纸样放缩的尺寸依据

（1）围度：一般来说，内裤的腰围都是以臀围作为基础进行尺寸设定的，而且是以6 ~ 8厘米为一个档差。因为内裤的面料一般具有高弹性，所以，实际档差只需要取4 ~ 5厘米就可以了；至于前后裆宽，因为这个部位的尺寸比较小，没有实际的控寸意义，因此一般都是通码，平脚裤和束裤除外。

（2）长度：内裤全裆长的档差实际上只取2厘米，因为底裆长不具有可分性，所以档差和长度档差全部加到前后中长值中，各取1厘米；由于侧缝一般没有实际的控制尺寸，所以通常都是通码，除了平脚裤和束裤以外。

另外，在平脚裤中，侧缝档差一般是1厘米，裤口档差也是1厘米。

六、骨衣纸样放缩的尺寸依据

（1）下胸围：骨衣的放缩基本上和文胸的放缩是一样的，都是以下胸围线作为基础的。根据骨衣的规格尺寸，下胸围的尺寸也通常是以5厘米作为一个档差。不过，在进行实际放缩的时候，需要考虑到不同面料的特征，所以通常是取4厘米作为一个档差。面料弹力不同，下胸围的档差也不一样。面料弹力越强，下胸围的档差就减小；割肉料弹力较弱，下胸围的档差就要适当增大。

（2）罩杯：骨衣的罩杯的缩放和文胸的缩放是一样的，可以参照文胸的缩放进行操作。

（3）长度：骨衣的长度的放缩主要根据钢圈的变化而变化。所以，需要参考钢圈的外长档差，侧比高的档差通常是0.5厘米，前中长档差一般是0.3厘米，后中档差一般忽略，取通码。衣身的推放和带下扒文胸的下扒及比的推放是一样的。

另外，在对骨衣纸样进行放缩时，要注意，不同的钢圈，衣身的长度也会随之变化。一种情况是罩杯不变，衣身变化。衣身的围度需要根据实际情况增大或者减小。围度的档差需要添加到后片中，并且按照比例进行分配。第二种情况是罩杯变，衣身围度不变。衣身围度总体尺寸不变，罩杯大小不变，但是罩杯内部的分割需要根据情况而变化。

Chapter 2

第二章

文胸板样结构图例

哺乳文胸

哺乳文胸无钢圈，纯棉面料贴肤，罩杯可以从胸前开合，打开表层可以露出乳头，哺乳期的女性穿着这类文胸，便于对婴儿进行哺乳。

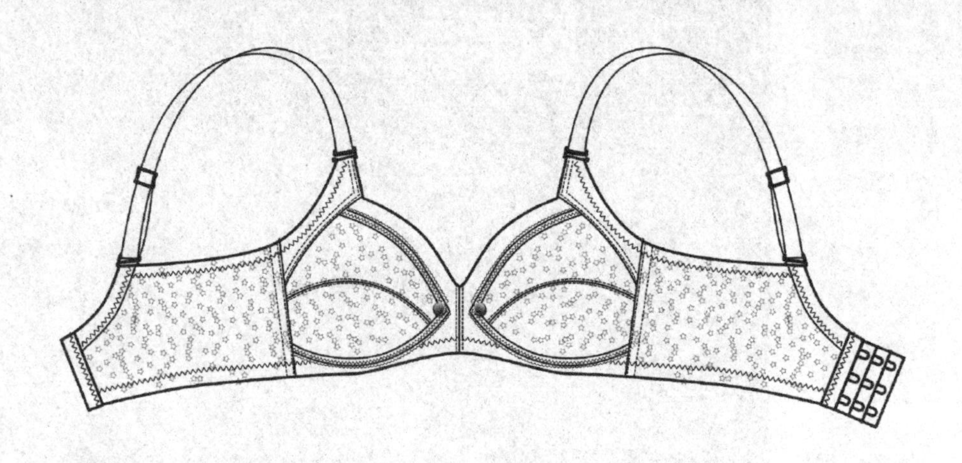

部位	下围	杯高	杯骨长
尺寸	61	13	21

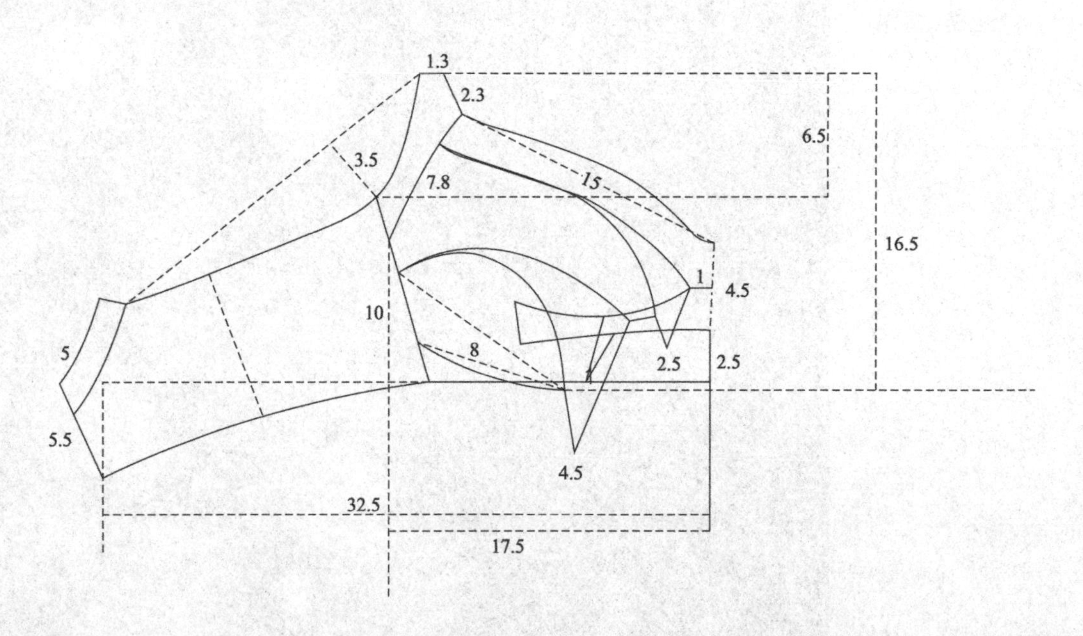

>> 抹胸式文胸

抹胸式文胸给人的第一眼印象，就好比在胸口用丝布进行缠裹。将网眼布或者蕾丝花边等常用弹力面料，覆盖在常规文胸上面，便是抹胸式文胸了。外观看了类似吊带背心一样，但是根据设计，选材不同，可以做成多样的款式。

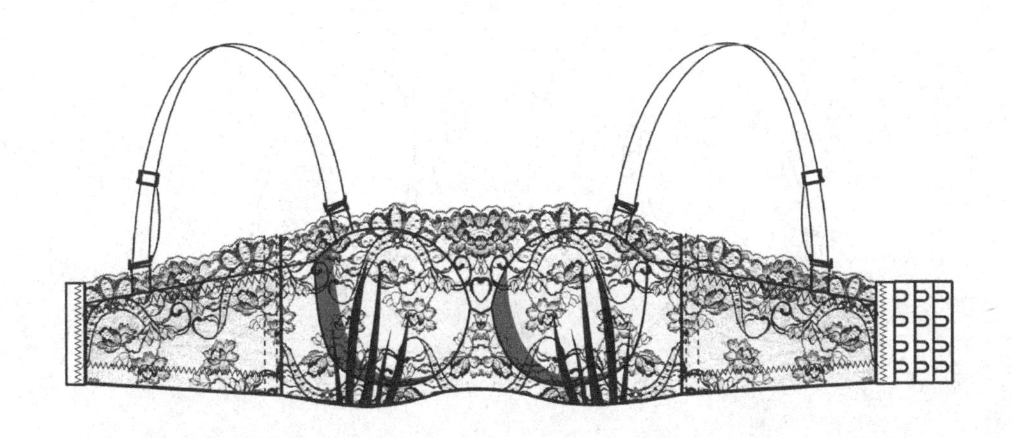

部位	下围	杯高	杯骨长
尺寸	61	12.5	19

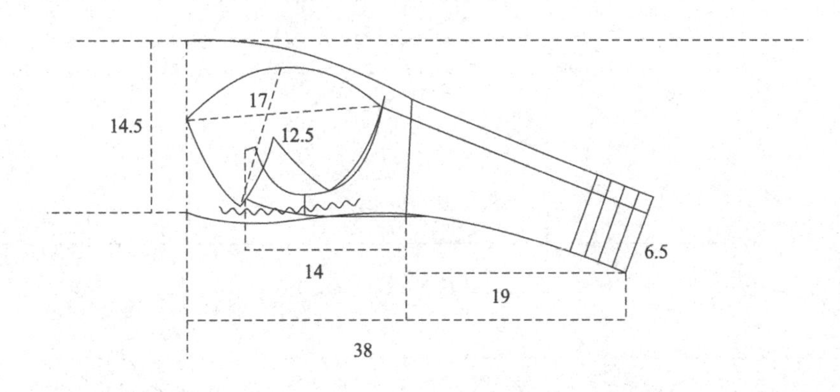

>> 低鸡心上下拼文胸

低鸡心3/4杯文胸采用上下拼棉方式制成，罩杯有耳仔，具有聚拢提升的效果。低鸡心深V造型，凸显乳沟，适合穿着深领服装；采用一排背扣，简洁舒适，夏季穿着非常凉爽。

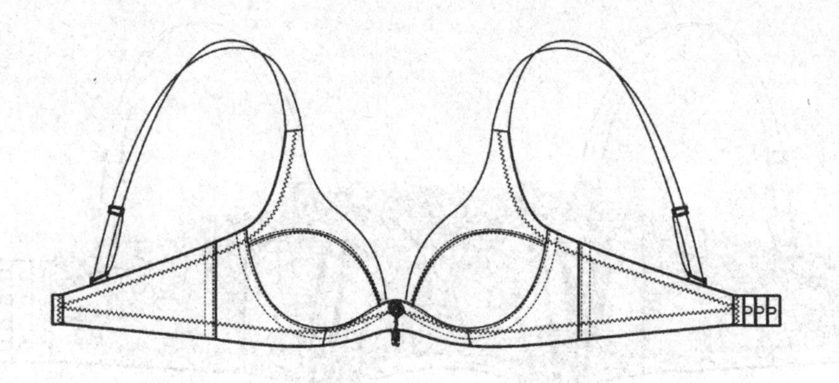

部位	下围	杯高	杯骨长
尺寸	61	12.5	19

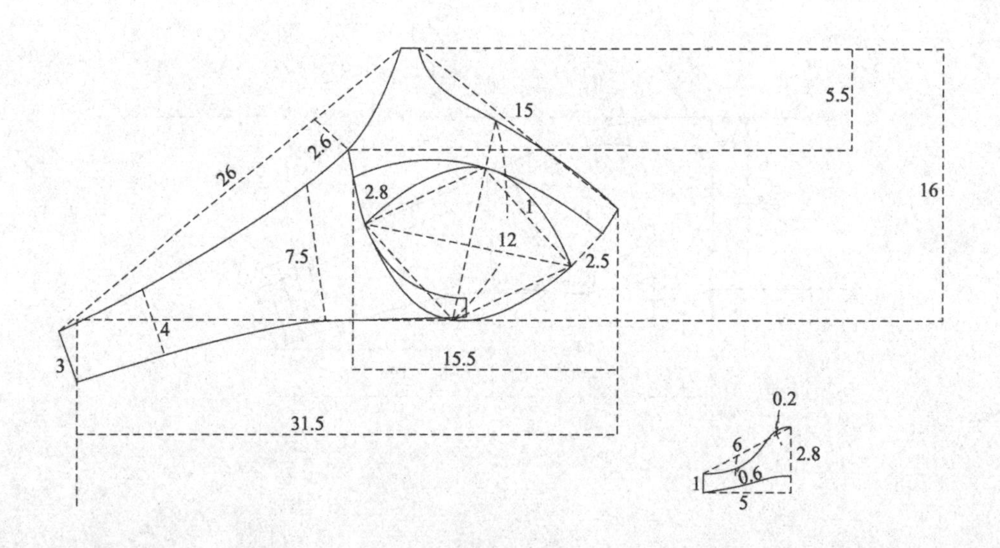

>> 低鸡心斜拼蝶形下扒文胸

低鸡心 3/4 杯蝶形下扒文胸采用斜拼的分割方式，杯型圆润，贴合胸部。加宽侧壁，可有效收拢副乳；蝶形下扒稳定性最好，托胸效果显著；加宽背扣，增大受力面积，舒适度提高。

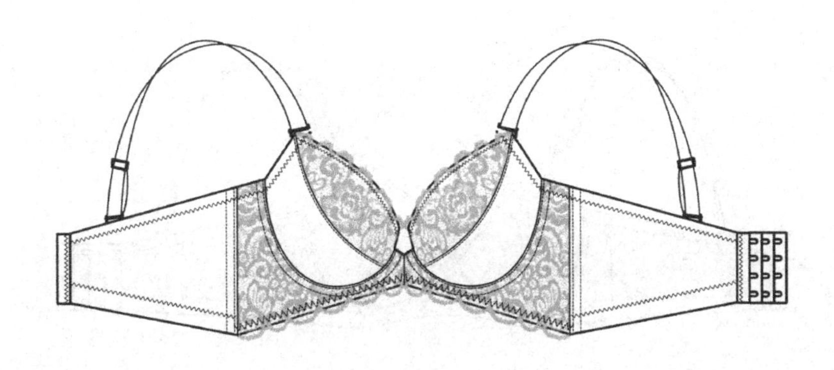

部位	下围	杯高	杯骨长
尺寸	61	10.5	18

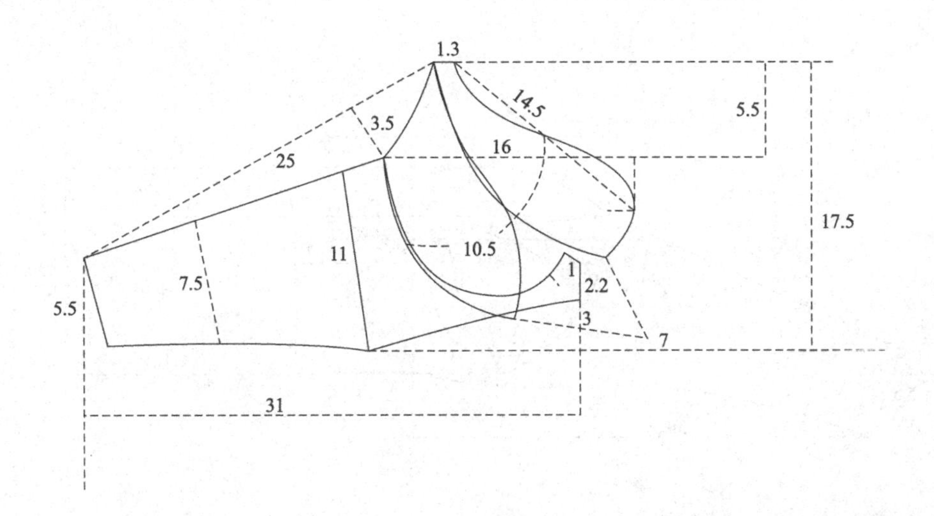

>> 高鸡心T形拼文胸

1/2杯拼棉文胸覆盖乳房表面积的1/2，常采用高鸡心处理方法，提升固定性。彩用T形拼棉方式，罩杯更加圆润，更加符合女性胸部。利于搭配外衣穿着，适合胸乳较细小的人，与露背装、吊带衫等搭配效果最佳。

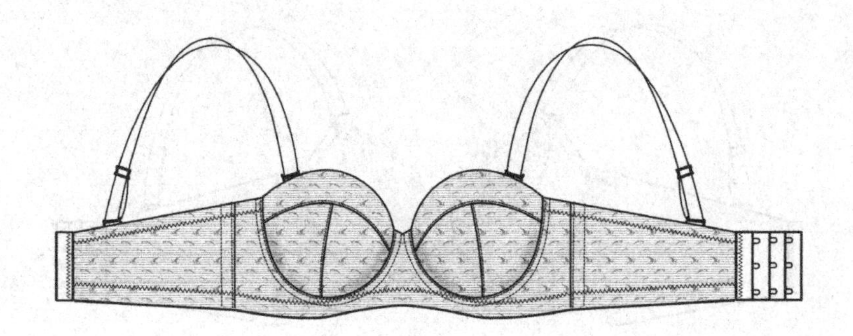

部位	下围	杯高	杯骨长
尺寸	61	12.5	21

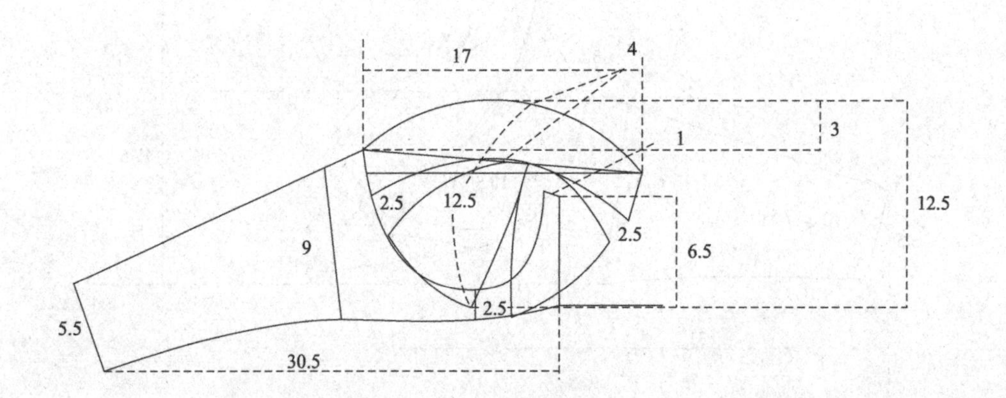

>> 高鸡心左右拼文胸

3/4杯拼棉文胸，能够覆盖乳房表面积约3/4，采用左右拼接方式，能将乳房由肋侧向双乳前中心推拢，呈现乳沟，通过罡杯整体版型设计，创造适当的罩杯容量，有效承托上提乳房，使胸部更加挺拔和丰满。

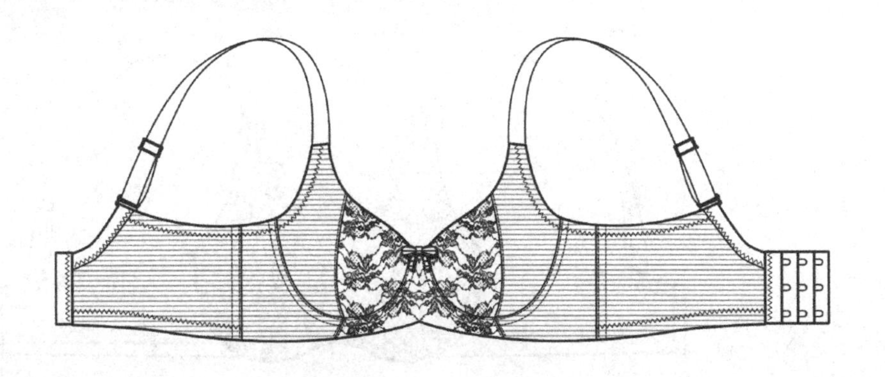

部位	下围	杯高	杯骨长
尺寸	61	12.5	21

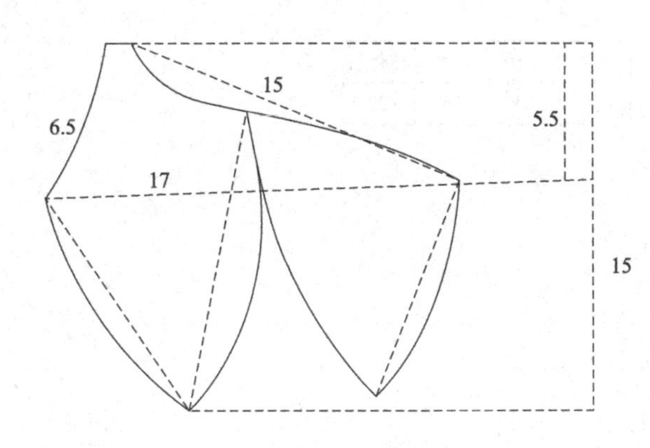

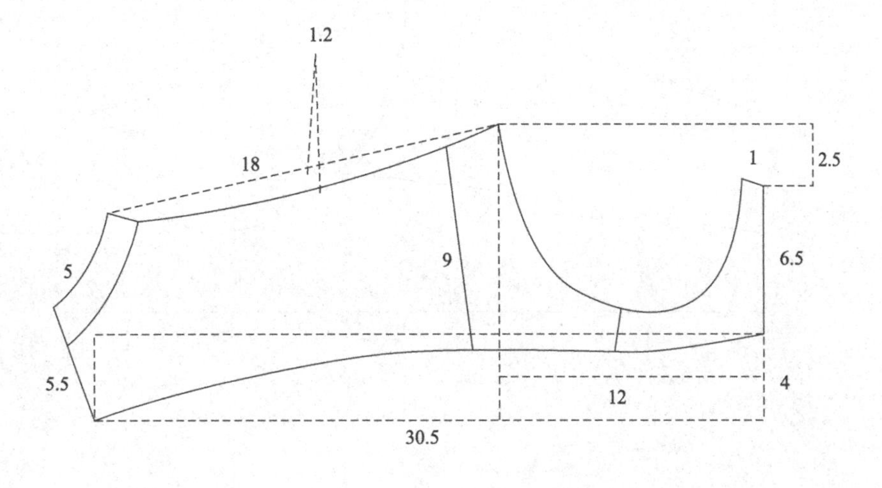

>> 连鸡心单层全罩杯

全罩杯文胸，采用了单层花边，连鸡心，无下扒，一字比，后系扣设计元素，轻薄面料，全包胸部，具有聚拢、提升、舒适的功能。适合胸部大的女性。

部位	下围	杯高	杯骨长
尺寸	61	13	20

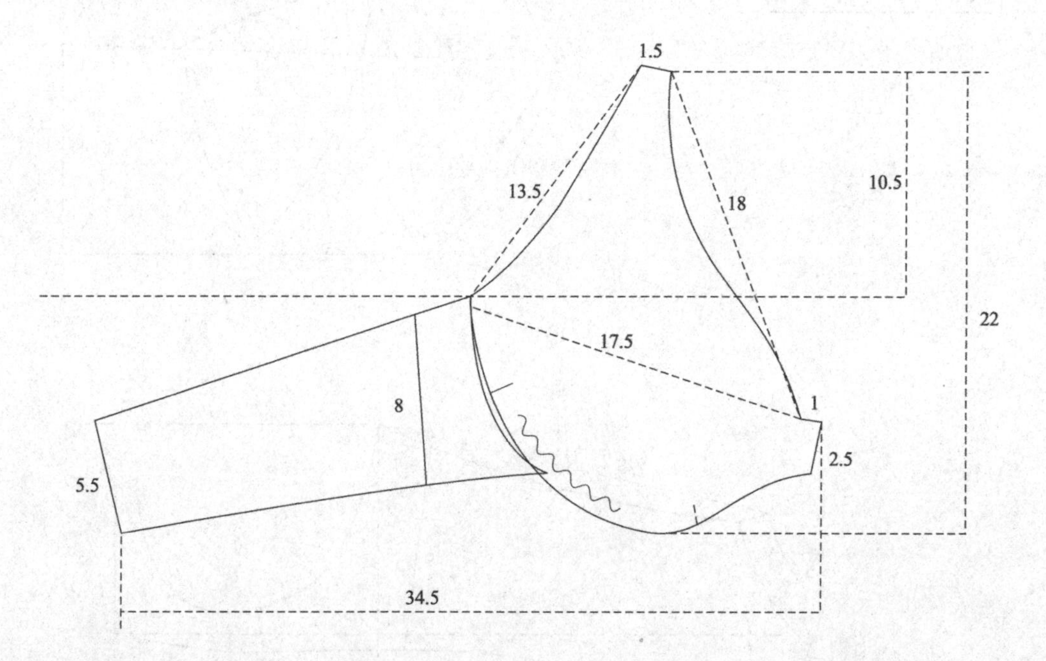

>> 前系扣文胸

前系扣文胸为3/4模杯款，采用前系扣方式，方便穿着。后面采用背心式，加大受力面积，穿着者更加舒适。杯面采用压膜方式，制成光面效果，起到无痕作用。

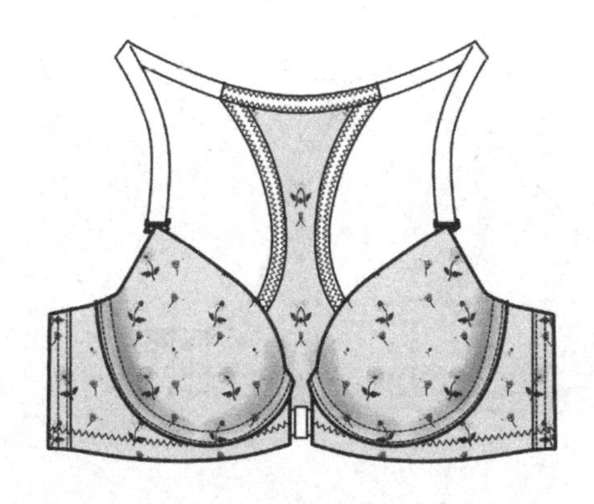

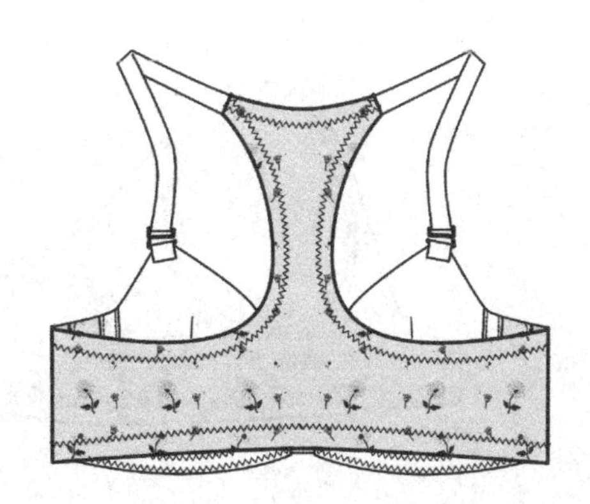

部位	下围	杯高	杯骨长
尺寸	61	12	19

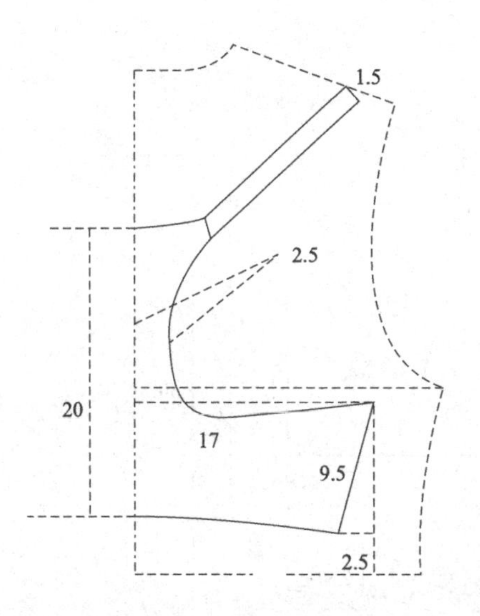

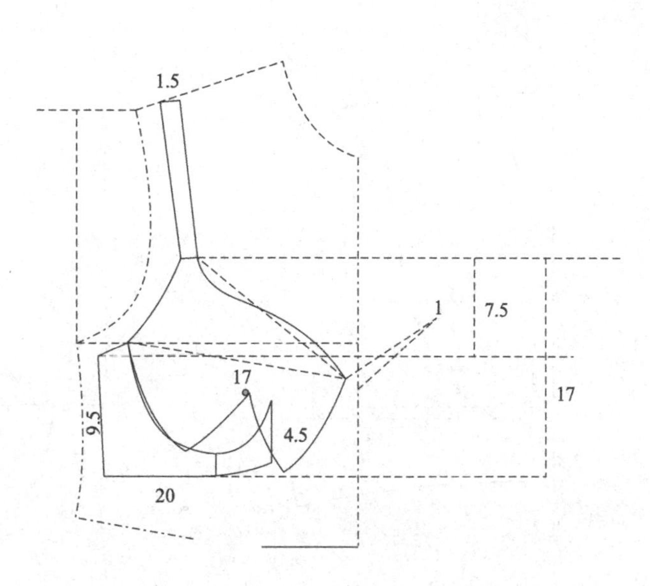

少女文胸

少女文胸，纯棉无钢圈文胸，里面可以加拼棉插垫，也可以不加，起到覆盖胸部，保护胸部的作用。

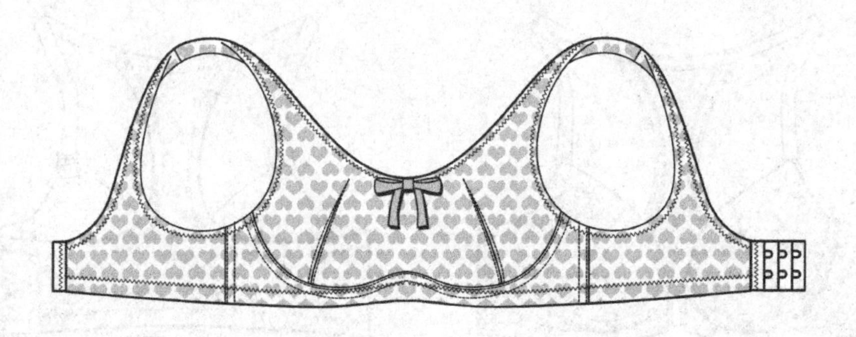

部位	胸围	衣长
尺寸	78	30

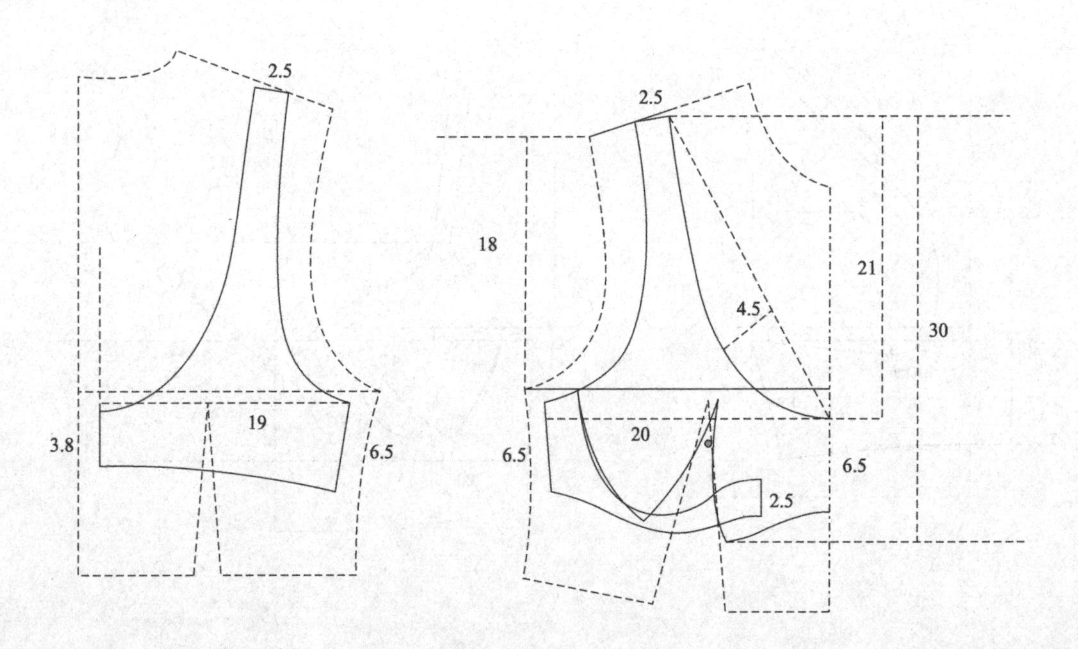

少女背心式无钢圈文胸

少女背心式无钢圈文胸，少女乳房处在发育期，针对这一点，无钢圈文胸可起到覆盖和保护的作用。

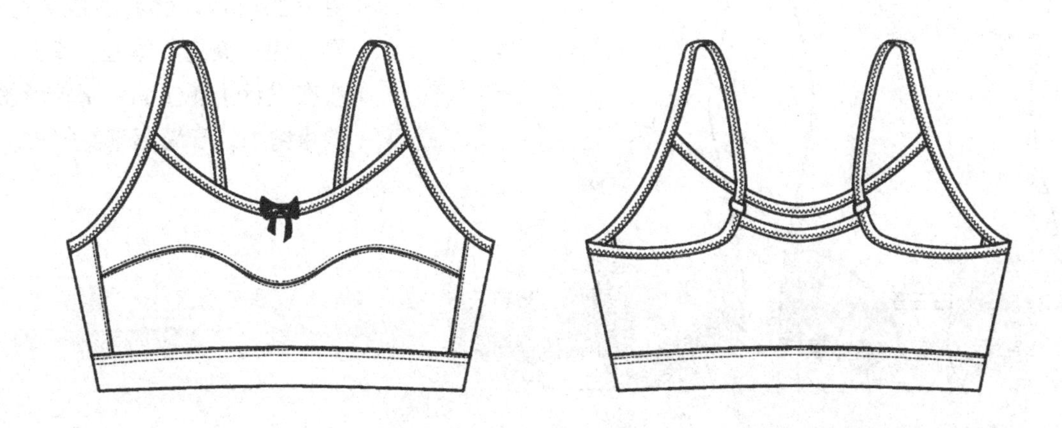

部位	胸围	衣长
尺寸	78	33

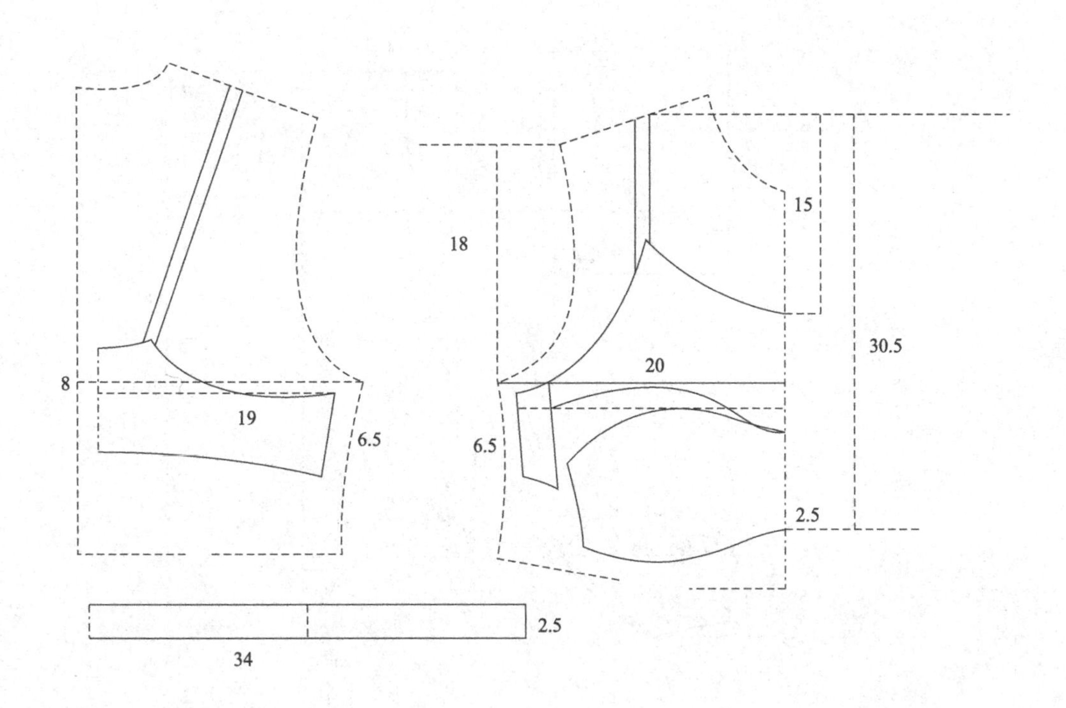

>> 束身衣

对身体比较丰满，上身比较肥胖的女性而言，普通文胸只能塑造乳房的造型，而腹部，侧肋和背后的脂肪得不到更好的收拢，容易造成突起，导致粮、糠葫芦体型。束身内衣在设计上能坚固各部位承受的束缚力，穿着起来更舒适。

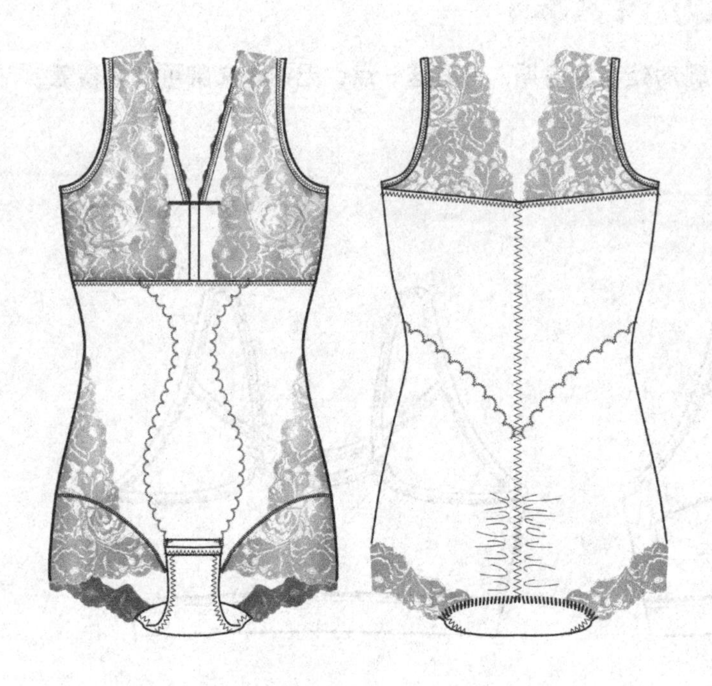

部位	衣长	胸围	腰围
尺寸	80	75	56

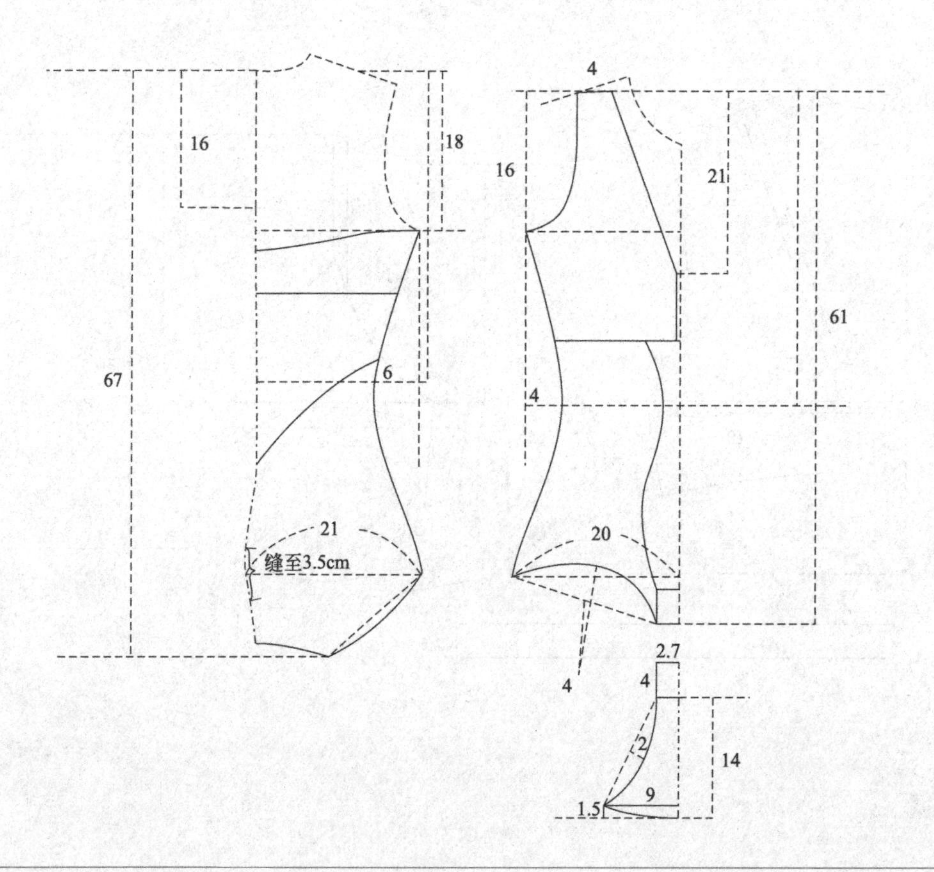

>> 运动文胸

运动文胸一般不使用钢圈，罩杯里面采用热定型海绵垫，以维护和固定胸部造型。背部没有勾圈，多是以套头方式穿着。不采用金属部件的目的是防止大幅度、高强度运动过程中金属部件可能会造成对人体的伤害。

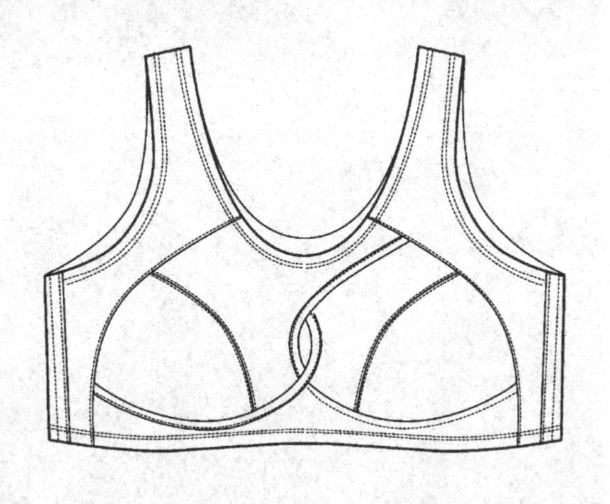

部位	衣长	胸围	胸下围
尺寸	31	78	61

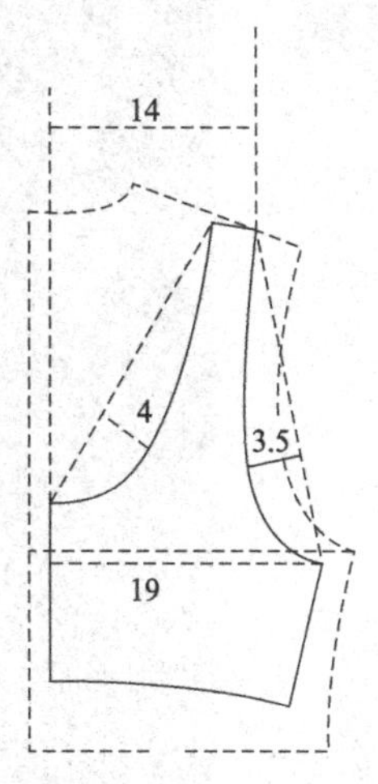

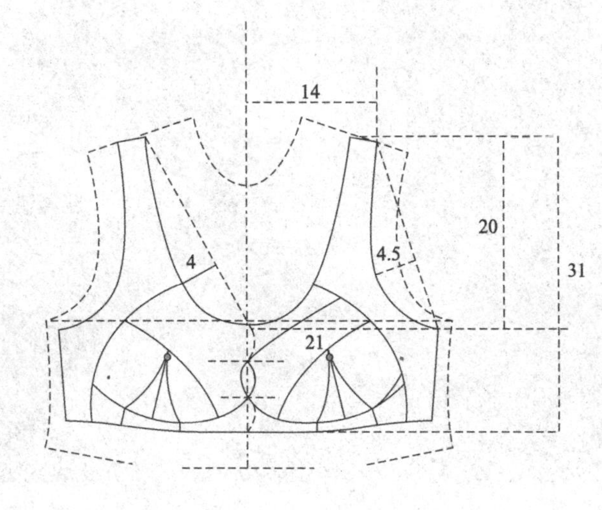

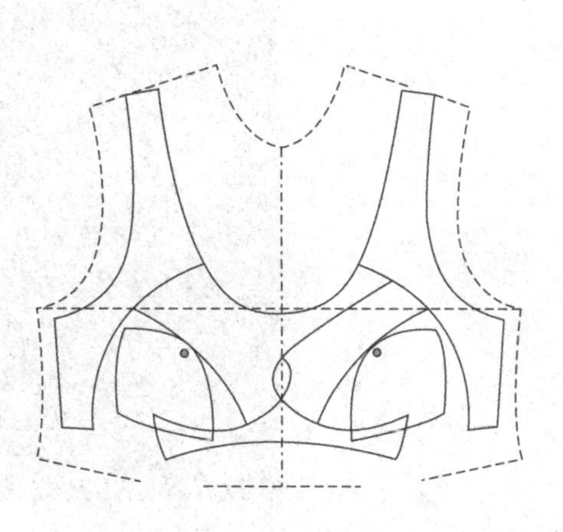

Chapter 3

第三章

女式内衣板样结构图例

>> 比基尼式泳衣

两件式泳衣，两件式指上衣和裤分开的套装，比基尼式又称三点式，其特点是用料非常少。三点式的泳装是最吸引人的目光的，如果女性拥有骄人的身材和绝对的自信，这种款式的泳装可以是第一选择。

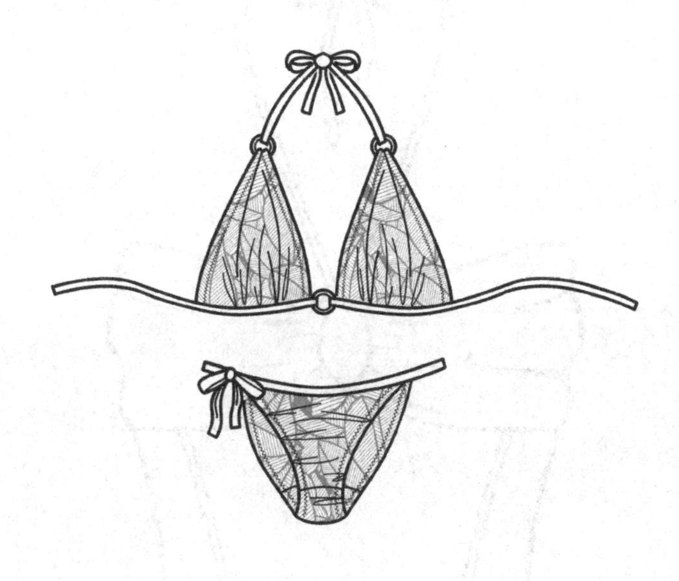

部位	胸围	臀围	裆深
尺寸	78	80	18

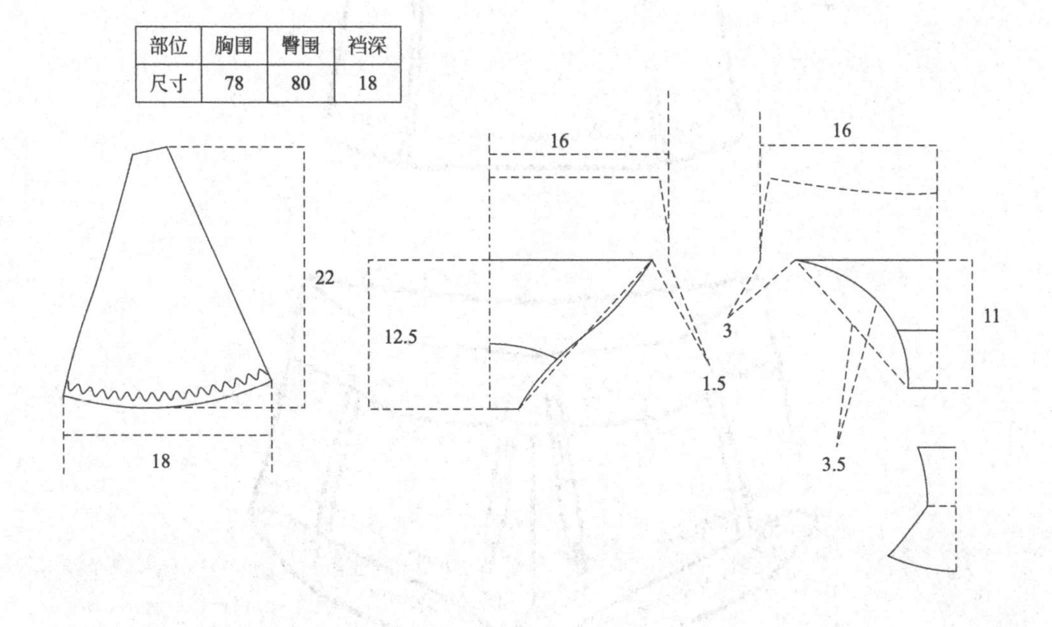

分体式泳装

为两件式泳装，两件式指上衣和裤分开的套装，有比基尼式和一般两件式，此款为一般两件式的。

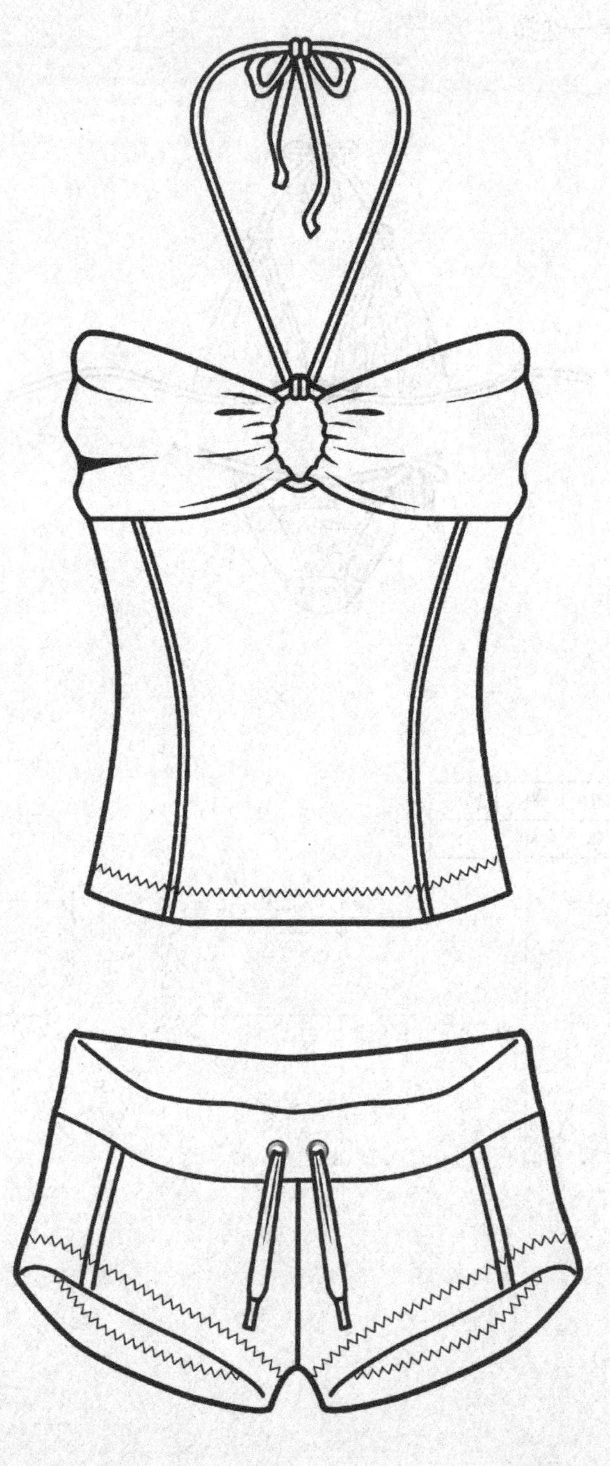

部位	衣长	腰围	坐围	胸围	裤长
尺寸	57	60	74	70	18

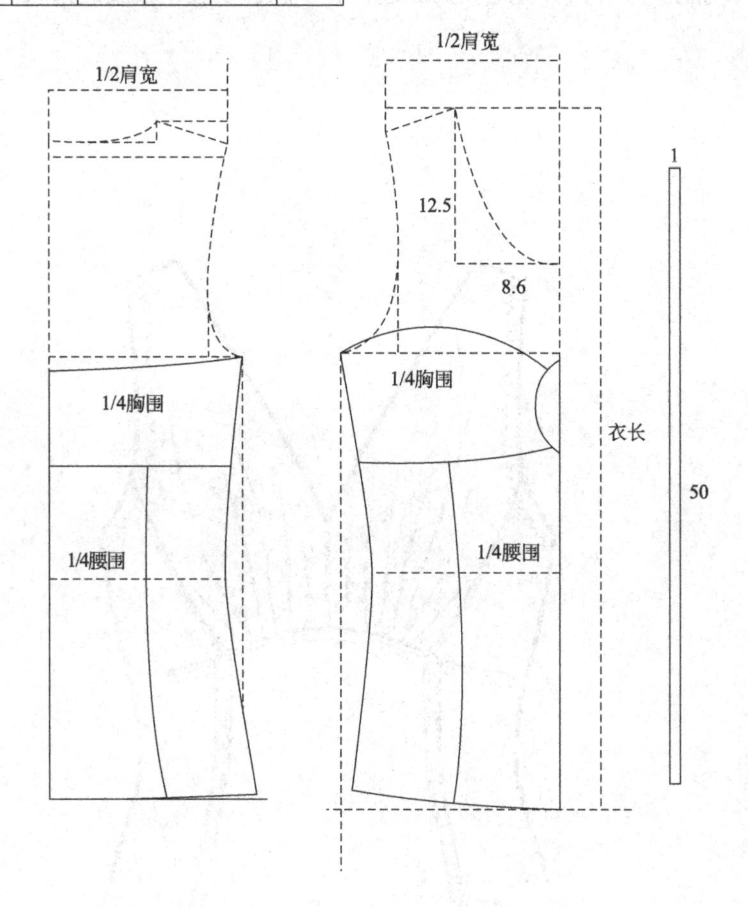

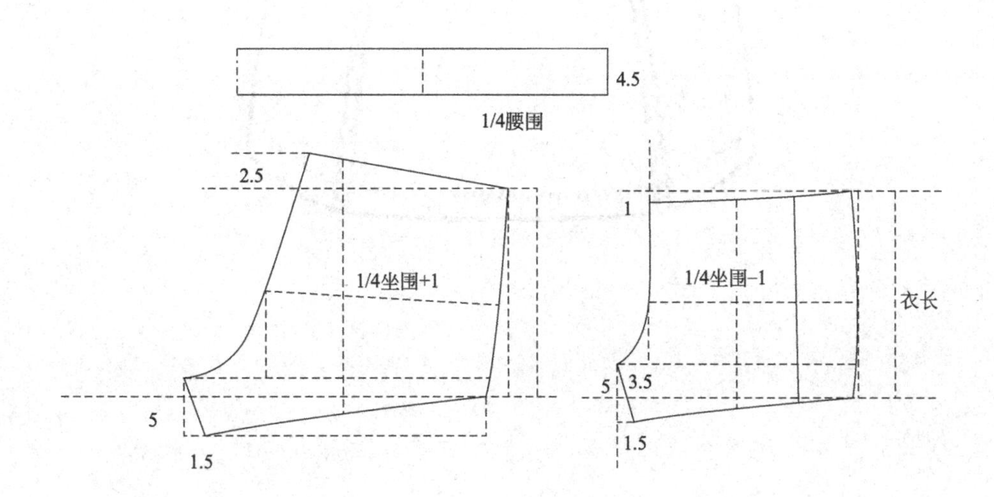

背心式束身衣

此款为背心式束身衣，是一种功能性服装。采用弹性面料，依人体曲线剪裁，紧贴皮肤，调整体内脂肪分布，可塑造优美曲线，有丰胸、收腹、减腰的效果。

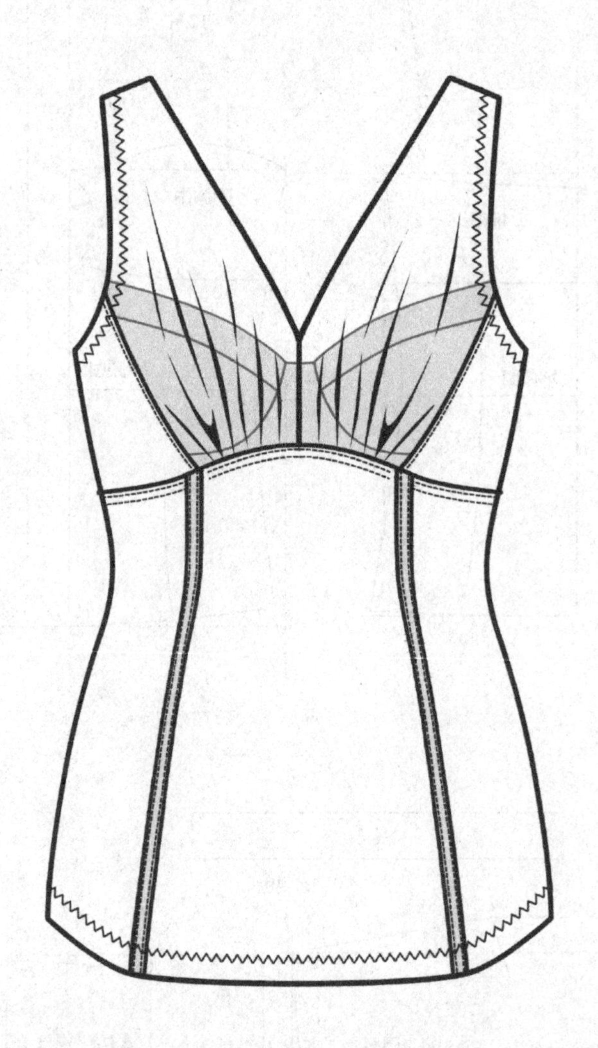

部位	衣长	腰围	胸围	肩宽
尺寸	58	60	76	24

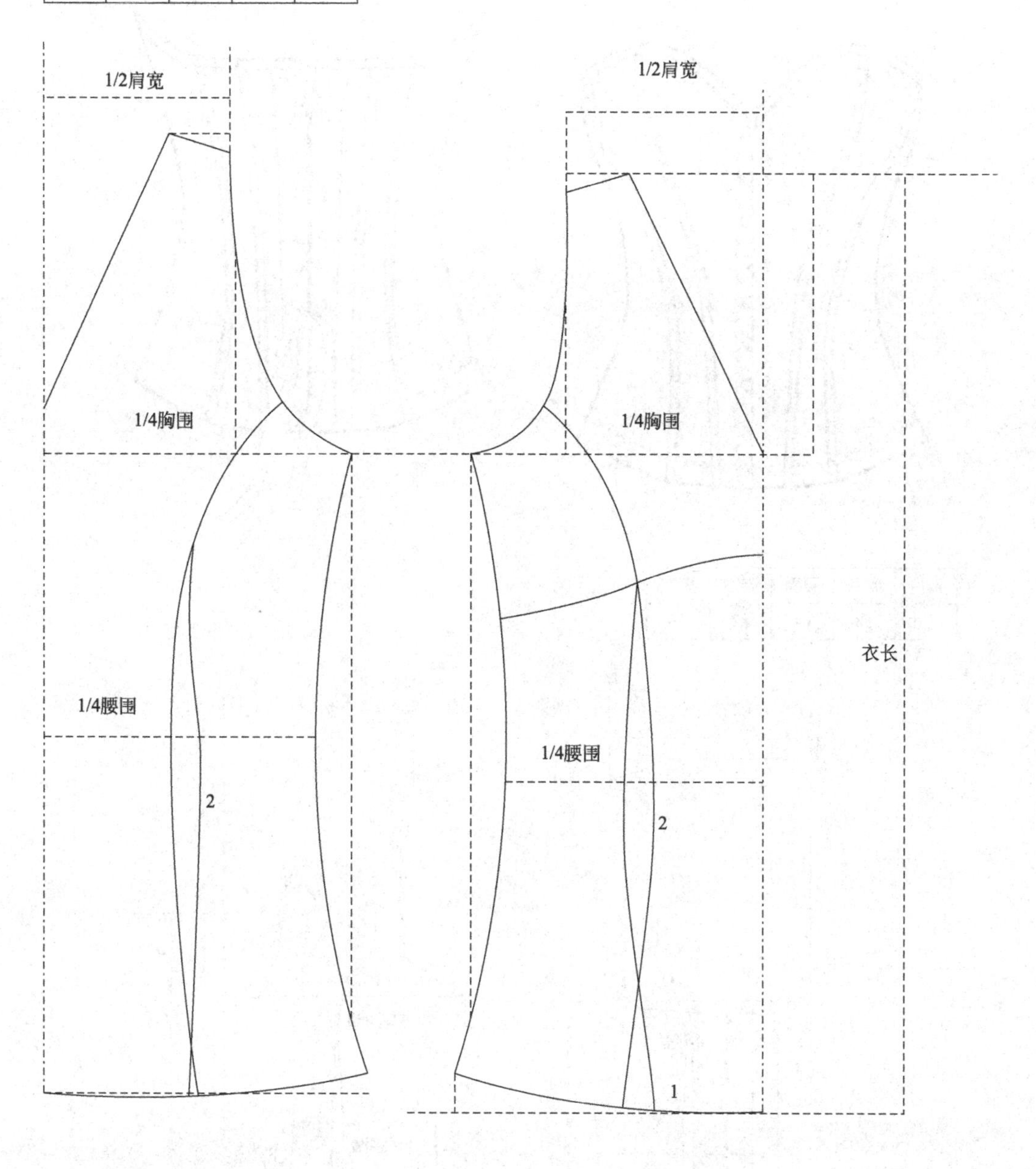

腰封

腰封又称腰夹、胸衣等，有外穿和内穿两种。无肩、无袖、修身式外穿式腰封适合配合礼服穿用。一般采用立体裁剪有9～12条纵向的弹性压条，长度是从胸下围至臀部以上，长期穿着可有效地分散均匀脂肪，保护脊椎，抬高胸线，可防止胃部扩大，能控制食欲，美化腰线。

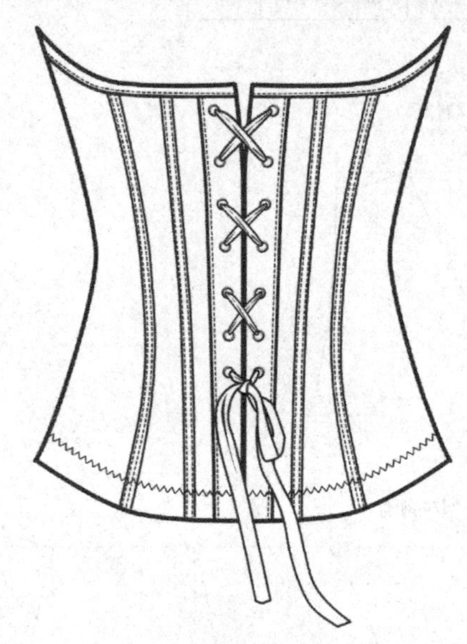

部位	衣长	腰围	胸围	肩宽
尺寸	58	64	82	36

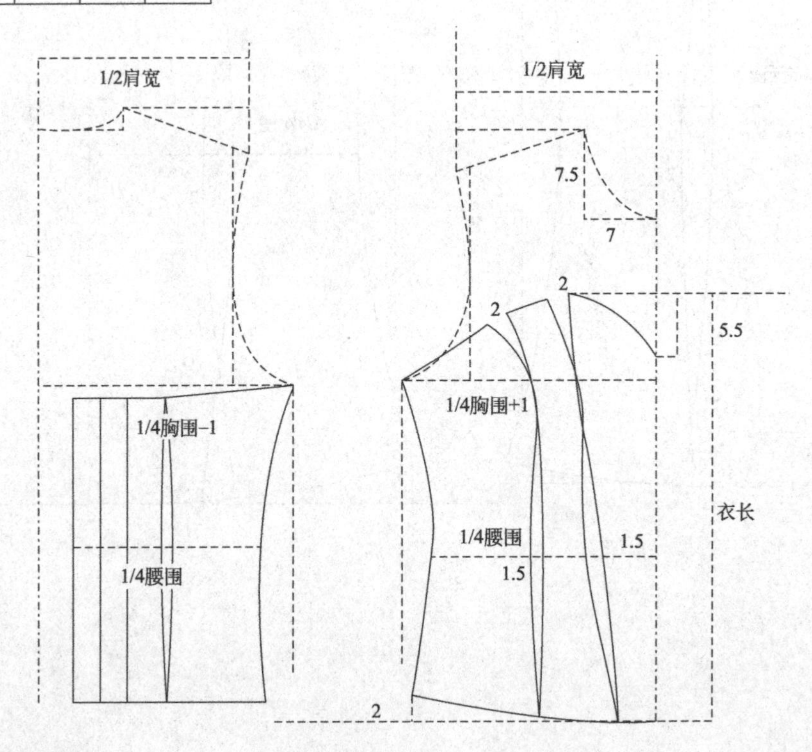

>> 低腰平角裤

低腰平角裤适合喜欢穿着低腰裤的年轻人群。相对于三角裤来说，覆盖面积会大一些。从而束缚感会减小，更加的包臀，保护性也会加强。消费者可根据自己的亲身感觉选择最适合自己的。

部位	长度	臀围	腰围
尺寸	16	76	73

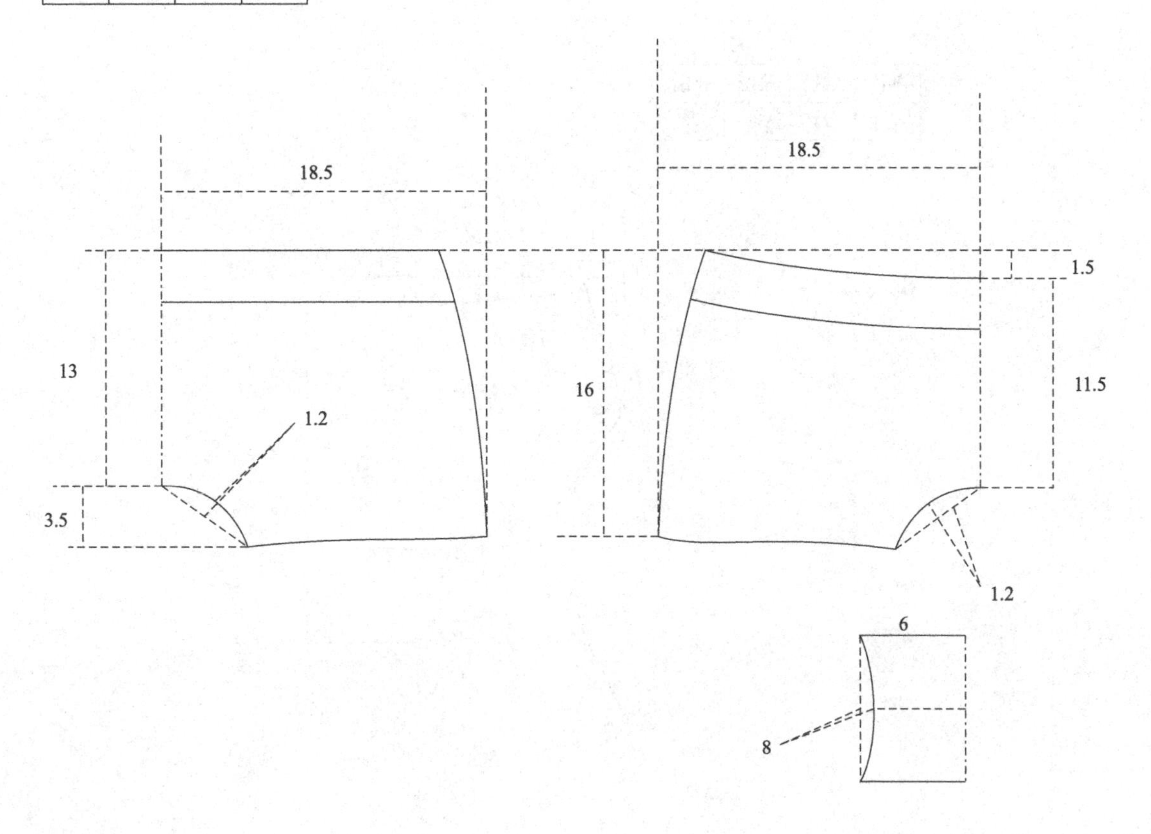

中腰三角裤

中腰三角裤，舒适实用的中腰位，可在一定程度上收紧腹部脂肪，三角裤的设计，令活动更加随心自如、无束缚，凸显修长美腿。采用超细面料穿着没有勒痕，舒适无压。

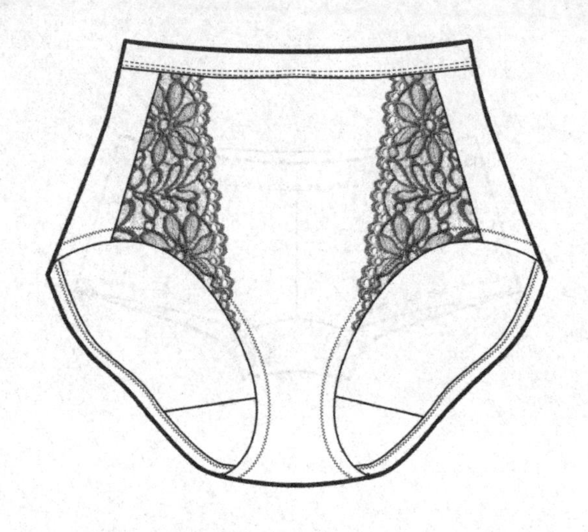

部位	衣长	腰围	坐围
尺寸	24	58	70

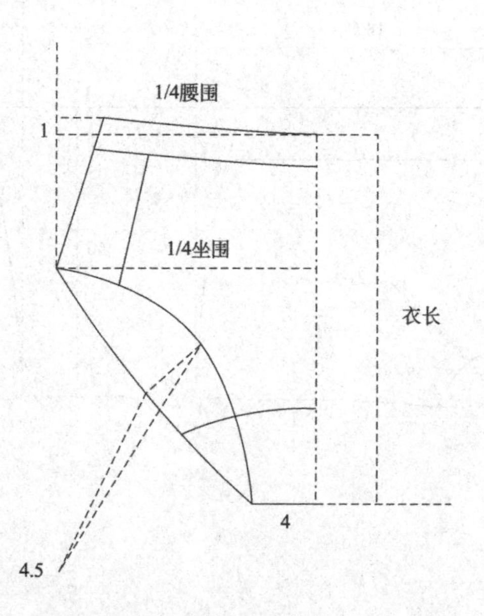

>> 低腰三角裤

低腰三角裤，适合年轻人和喜欢穿着低腰裤的人群。因为覆盖面积小，合理的版型，穿着效果会非常舒适。也会让你的臀部在自然呈现美丽上翘的同时达到降低束缚感。

部位	腰围	臀围	裆深
尺寸	56	80	18

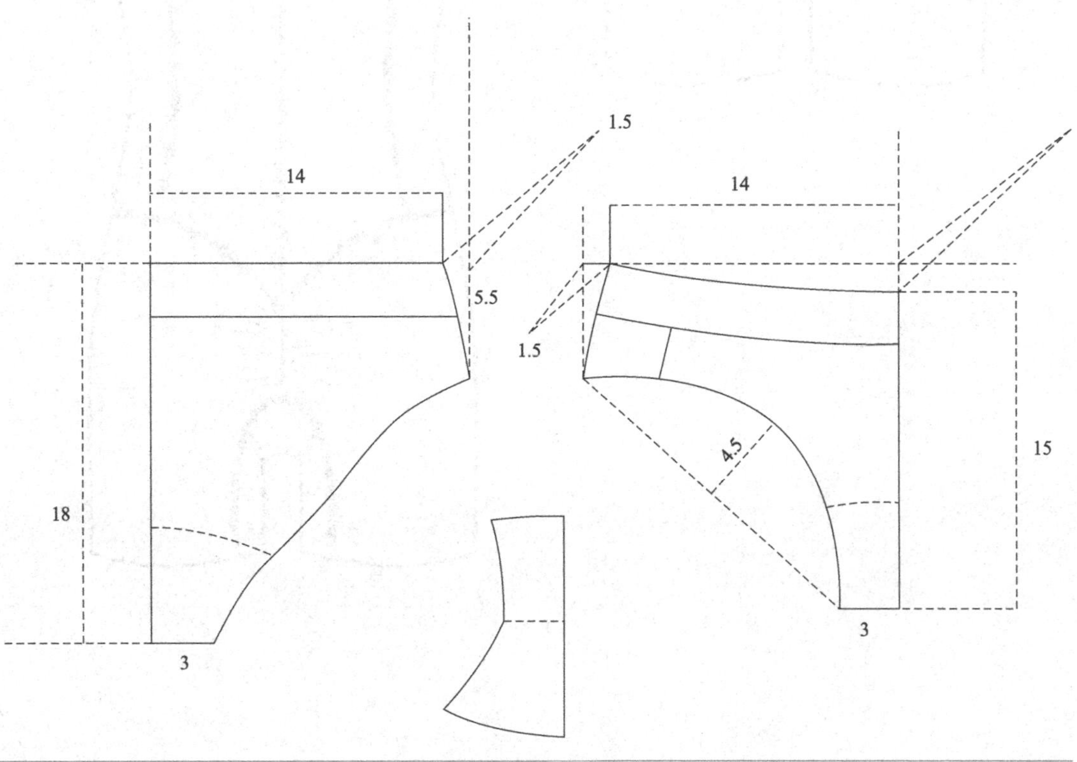

>> 高腰长腿收胃裤

高腰长腿收胃裤的高腰设计直达胸下围，有效收紧腹部、腰部、胃部、腿部多余赘肉。前中可以采用合理曲线分割，双层设计，加强腹部束身效果；后片采用合理分割线，将后背腰部曲线修饰完美，并且采用了3D提臀设计。可起到美化女性曲线的作用。

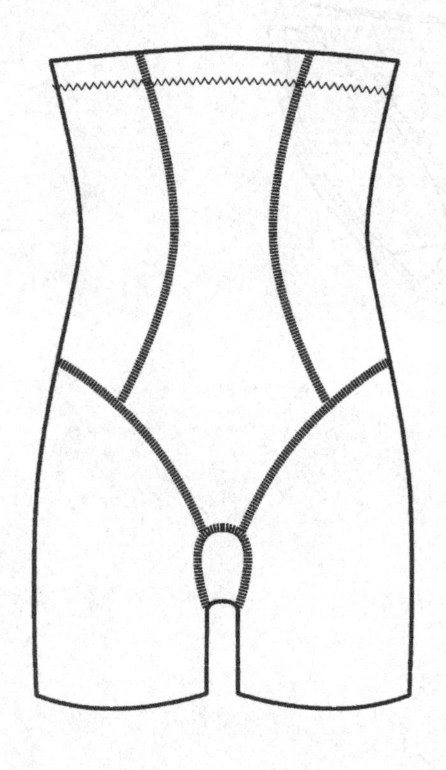

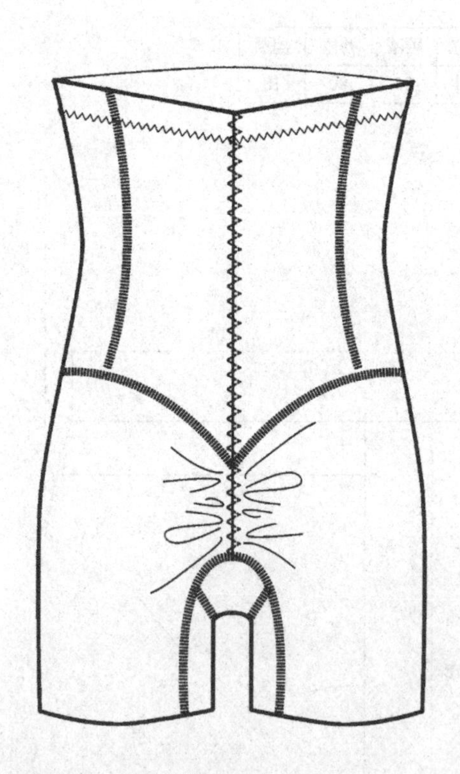

部位	衣长	腰围	臀围
尺寸	45	56	76

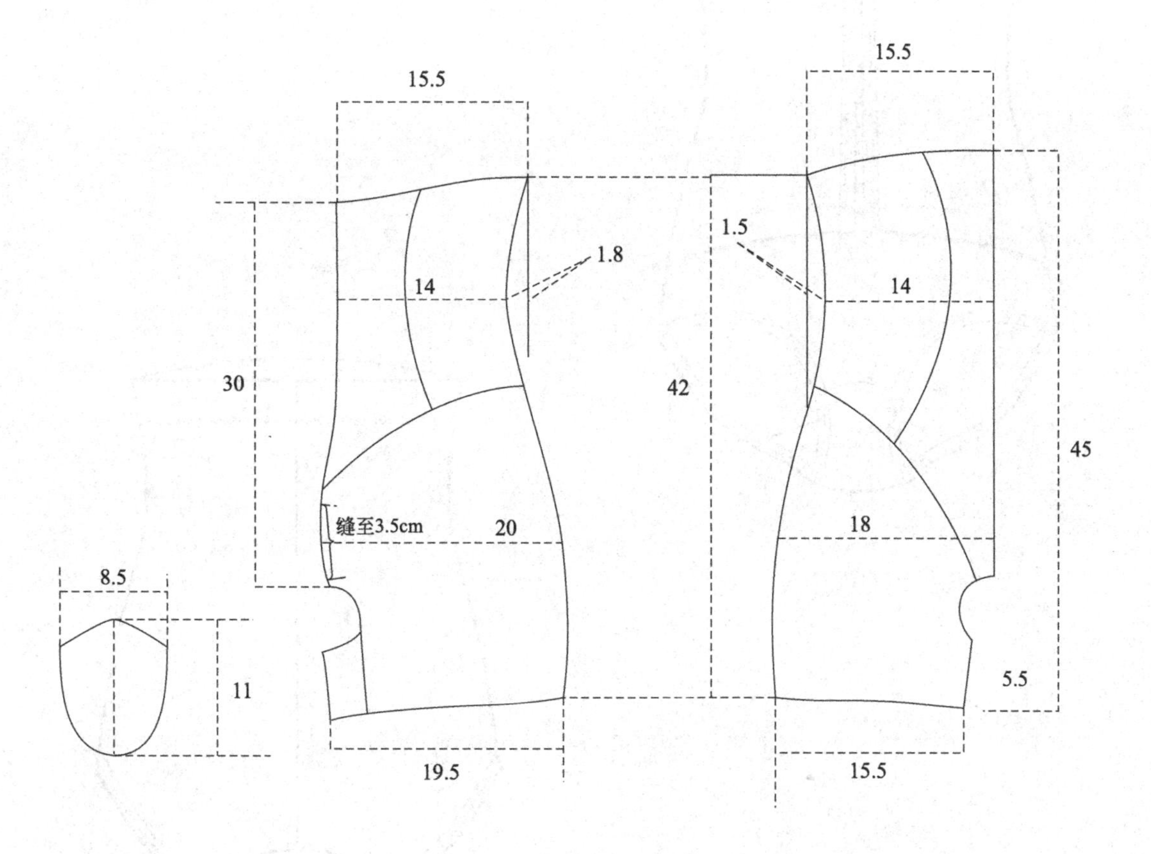

高腰三角收胃裤

高腰三角收胃裤的高腰设计直达胸下围，前中腰部双层加钩扣，方便穿着的同时收腹效果更加明显。加宽腰头松紧带，舒适感会显著提高。

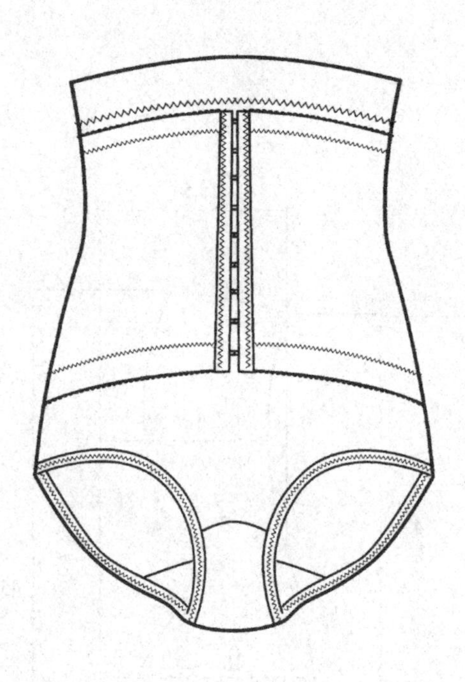

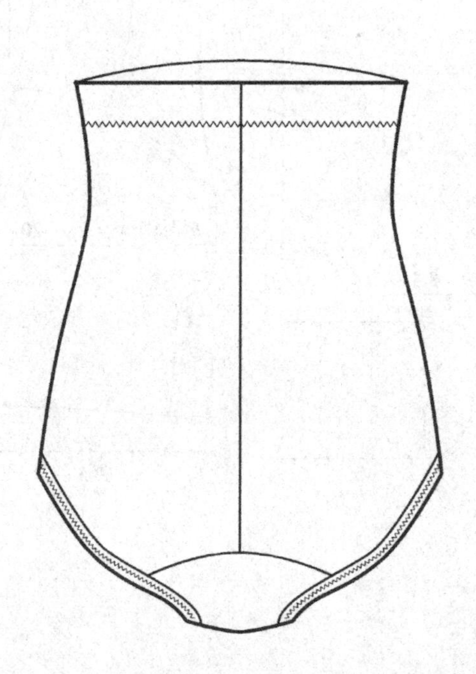

部位	胸围	臀围	长度	腰围
尺寸	78	80	42	56

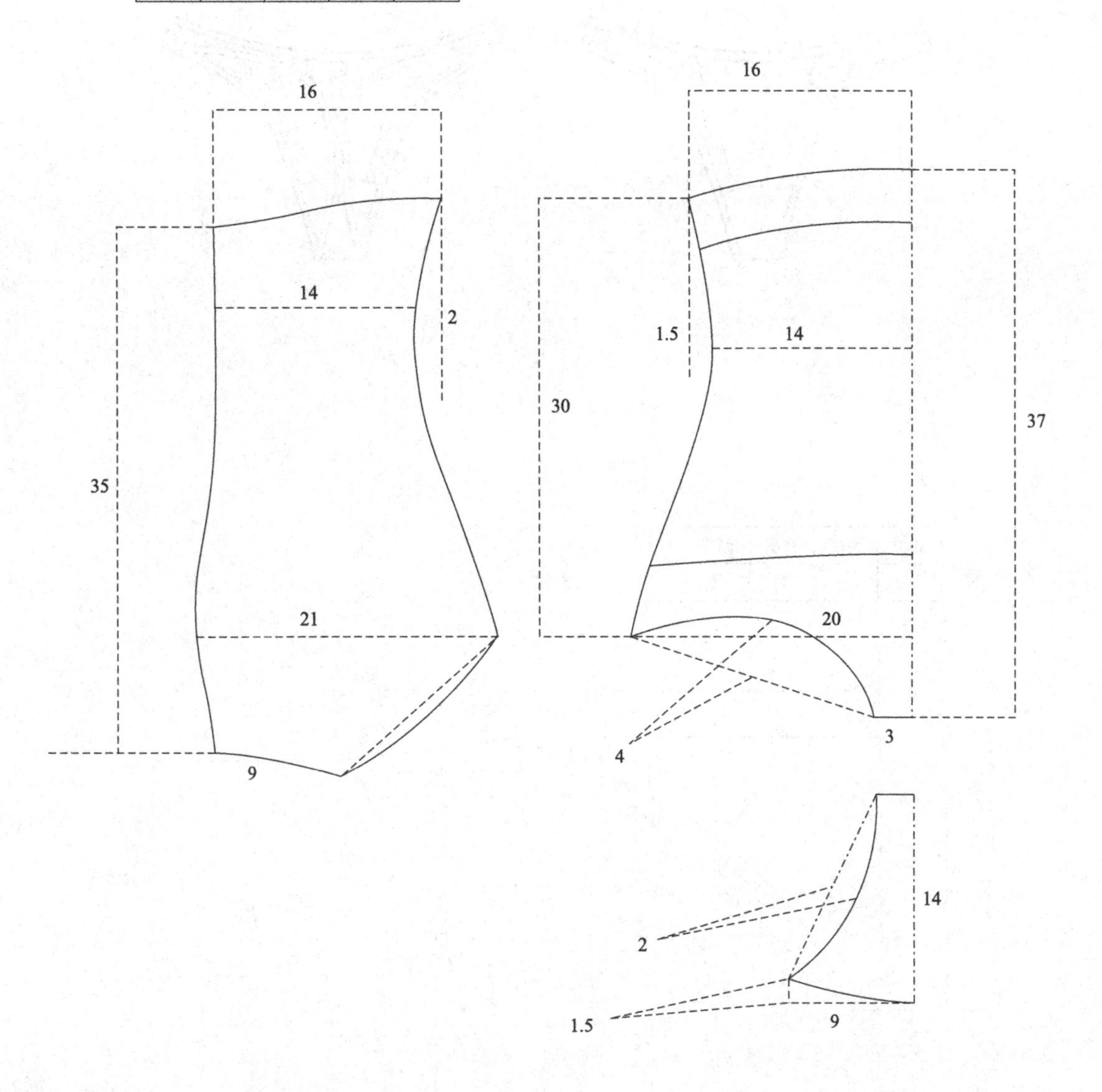

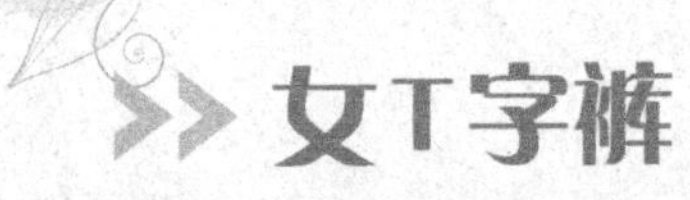

女T字裤

T字裤是范围较小的三角裤。因为形似字母“T”字而得名，是由于秀台上轻薄贴身服饰的盛行，由模特开始带动的。随着夏季的到来，身穿轻薄衣饰的时间增多，要求去掉尴尬痕迹的心理使更多女孩选择了T字裤，是一种性感的装饰。

部位	腰围	臀围	裆深
尺寸	60	80	15

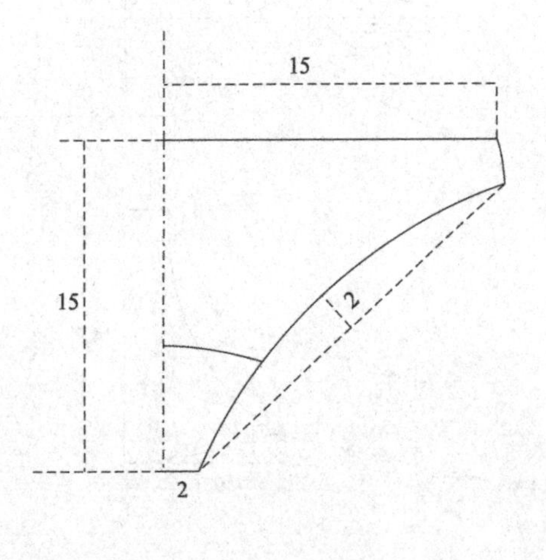

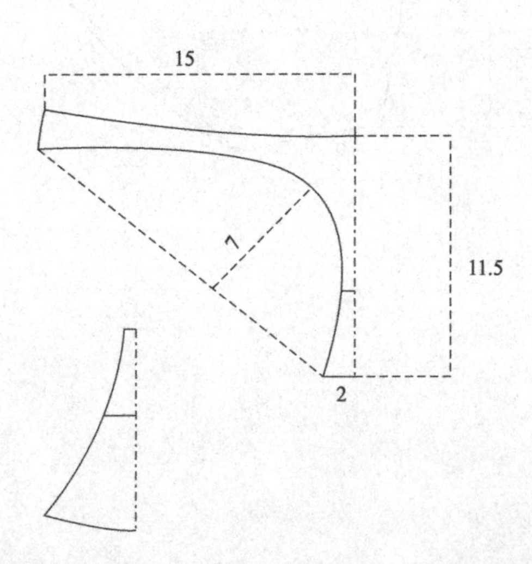

>> 吊袜带

吊袜带没有固定的穿法，虽然属于内衣，其实内外都可以。是用丝带或松紧带系扎在长筒丝袜袜口上，上端系在腰带或紧身褡的带扣状下摆边缘，以防止丝袜滑落的一种固定物。像丝袜一样，吊袜带在今天是属于非常女性化的物品。连裤丝袜的一度风行使人们几乎忘记了吊袜带的存在，但近几年的时装舞台设计师却让吊袜带屡屡曝光。

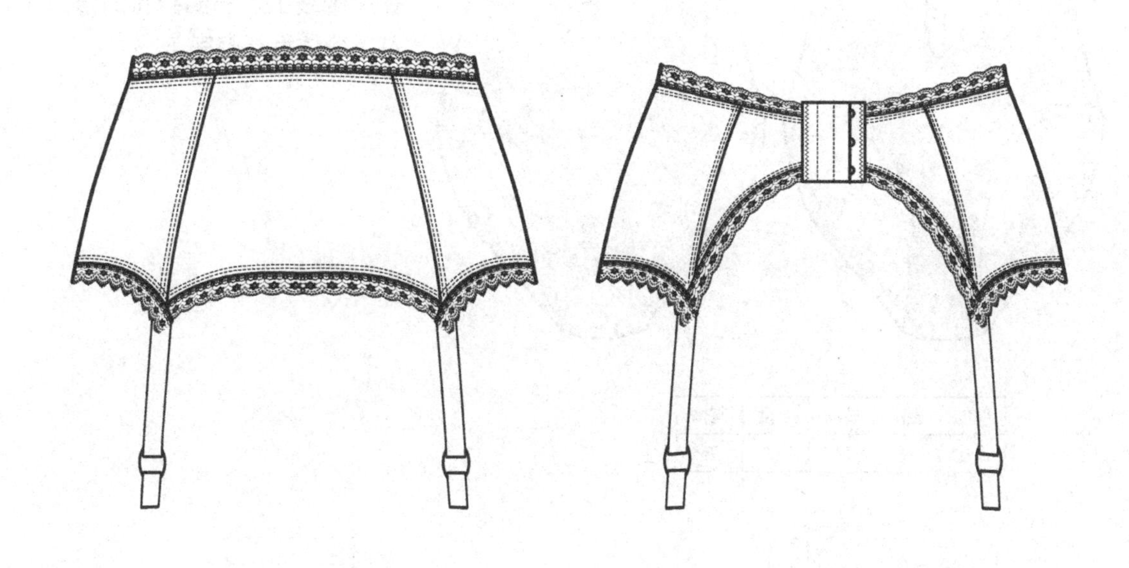

部位	衣长	腰围	坐围
尺寸	17	58	70

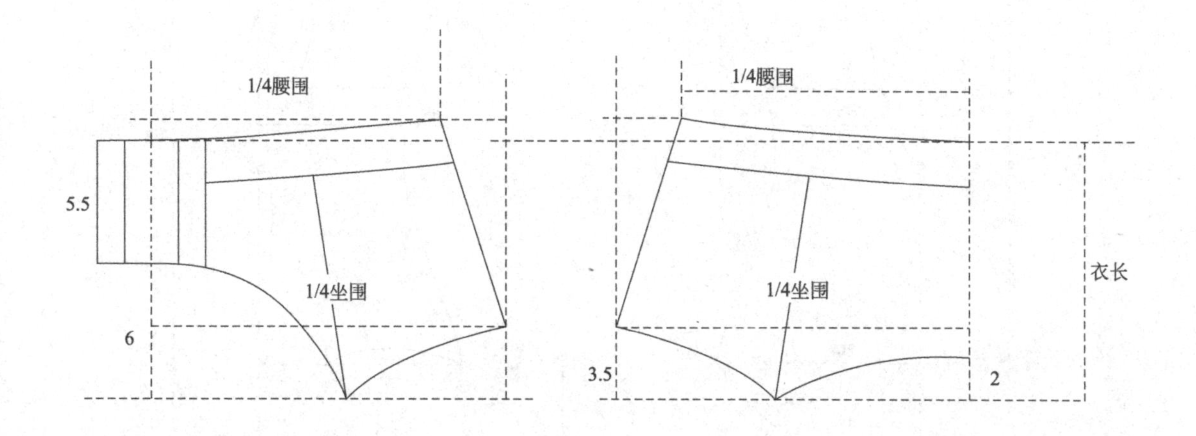

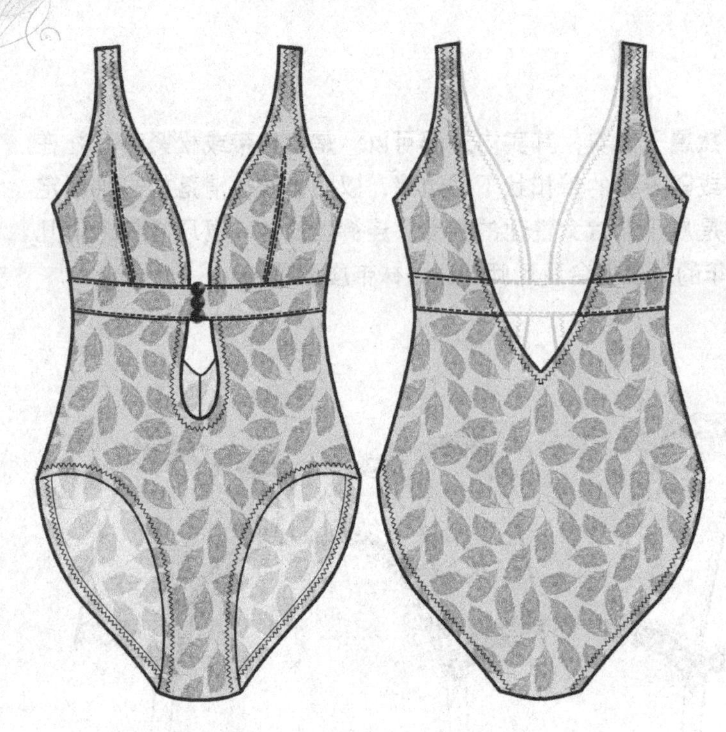

>> 一件式泳衣

一件式泳衣非常传统，是最多人选择的款式。虽然普通，还是可以找到特别一点的，另外深开胸部式样的泳装，对上窄下宽的体型是最好的修饰。在胸围线上加一圈独特的修饰，可以令体型更趋完美。

部位	腰围	臀围	长度	胸围
尺寸	78	56	72	76

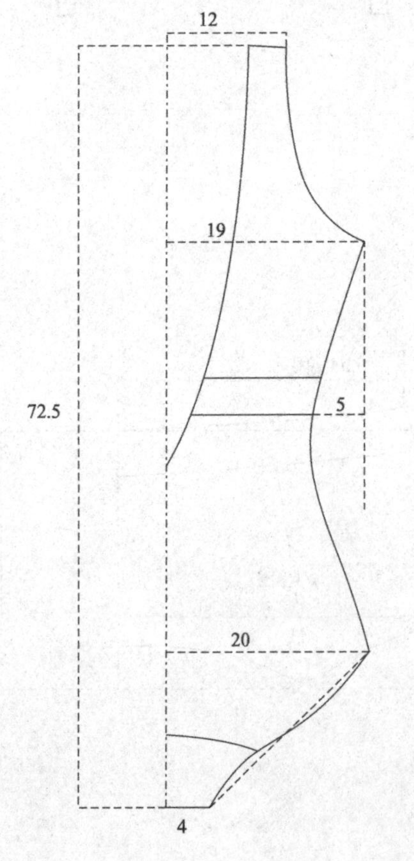

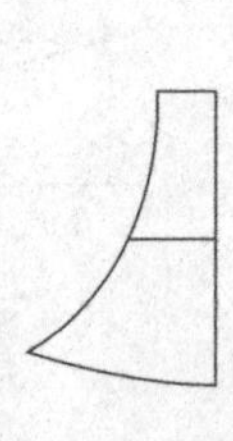

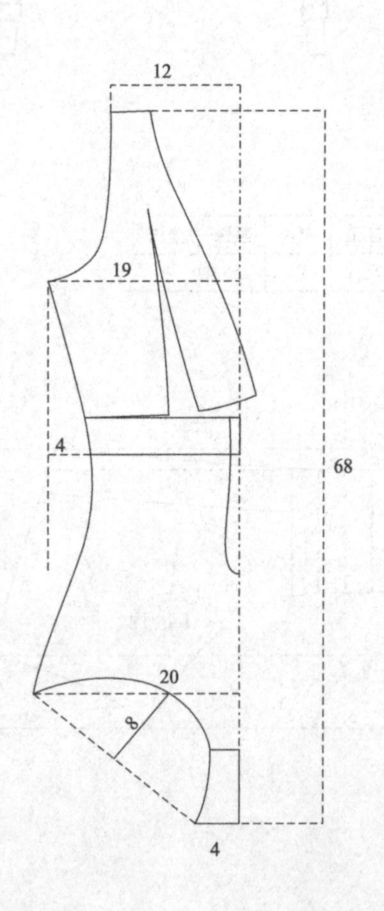

孕妇内裤

孕妇内裤采用高腰加U形托腹设计，进而转移宝宝的重量，前幅高于后幅，给孕妇肚子隆起留出空间。腰头穿绳设计，为了适应孕妇不同时期腹围的变化。

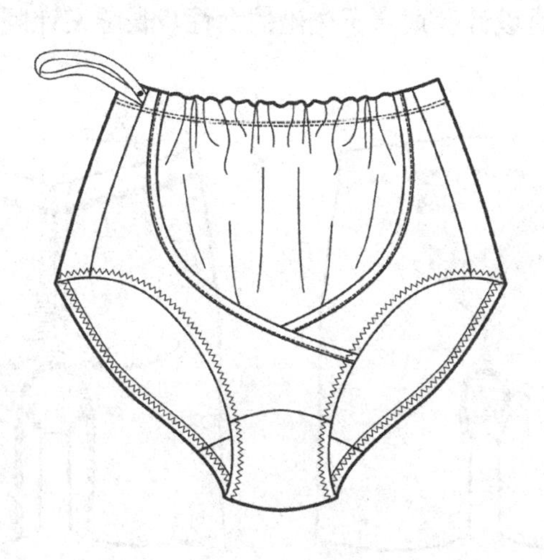

部位	腰围	臀围	裆深
尺寸	56	80	25

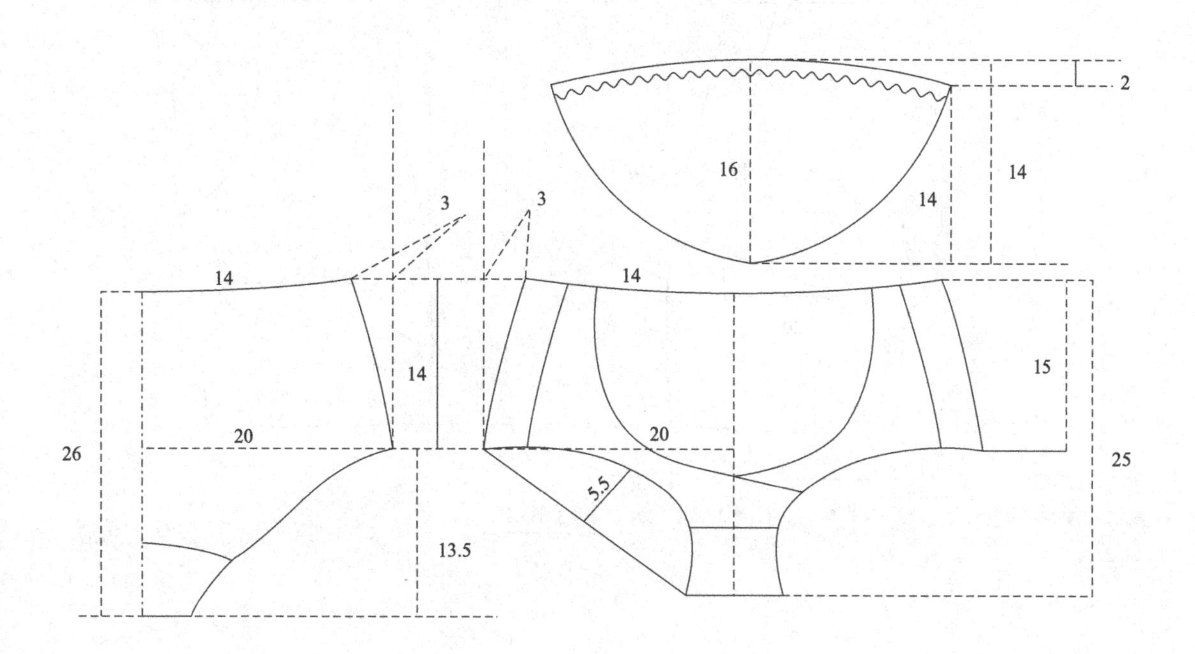

中腰长腿提臀内裤

中腰长腿提臀裤的中腰设计适用于年龄偏大的女性。为了满足这个年龄段女性对束身与舒适的需求，采用了中腰设计，穿着方便，加宽腰部松紧带，可防止卷边。前中进行分割后，采用双层设计，可以在腹部位置使用无弹性面料，例如刺绣花边等；后片采用弹性极好的材料，并做3D提臀设计，适合于久坐的女性。长腿设计既对腿部塑形，也可以在夏季穿着时，起到打底作用。

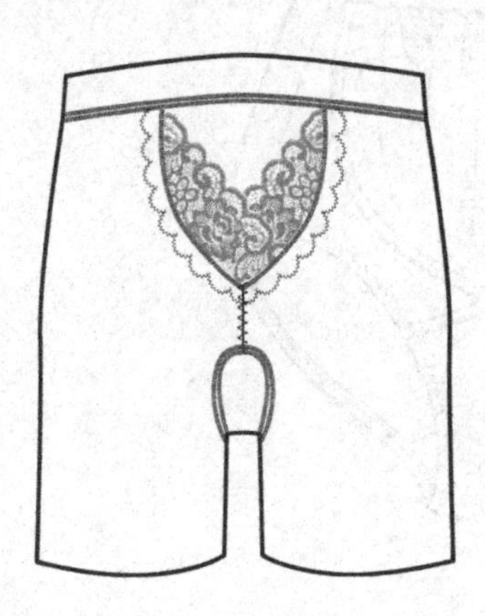

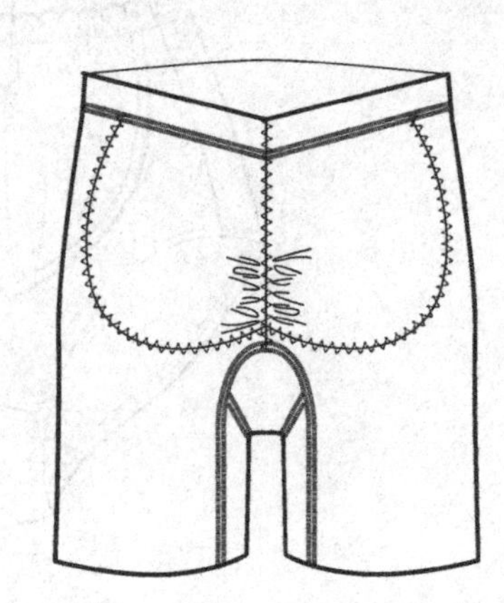

部位	腰围	臀围	长度
尺寸	56	80	32

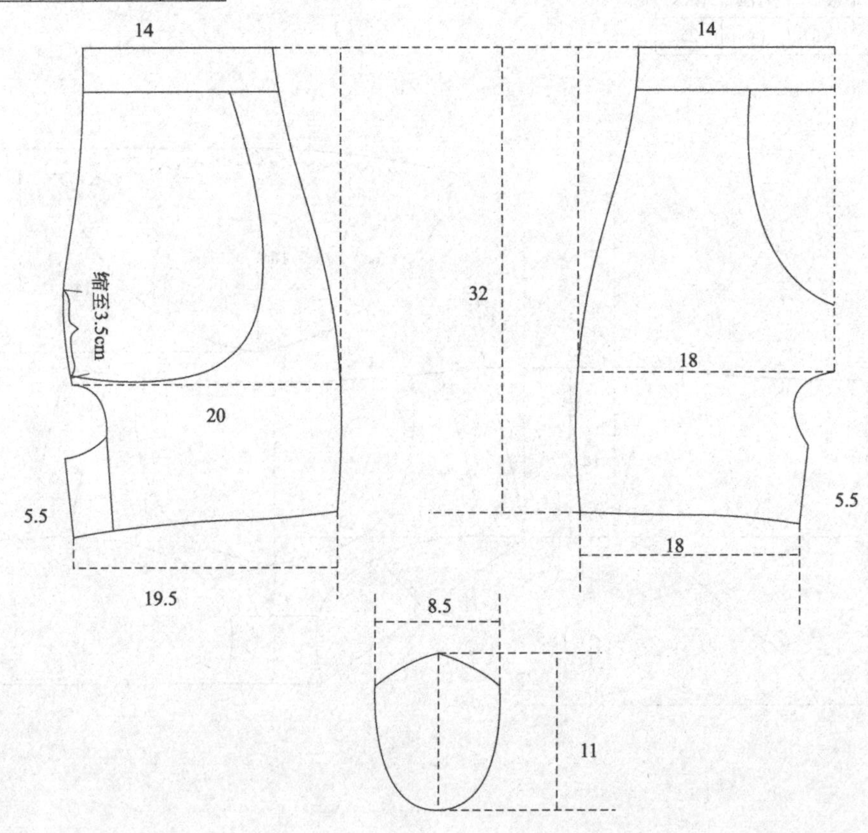

>> 中腰平角收腹裤

中腰平角收腹裤的中腰设计适用于年龄偏大的女性。为了满足这个年龄段女性对束身与舒适的需求，采用了中腰设计，穿着方便，加宽腰部松紧带，防止卷边。前中进行分割后，前中进行双层设计，里层选择弹性小的材料，达到收腹效果；后片采用弹性极好的材料，腿部采用无痕平角设计，来提高舒适度。

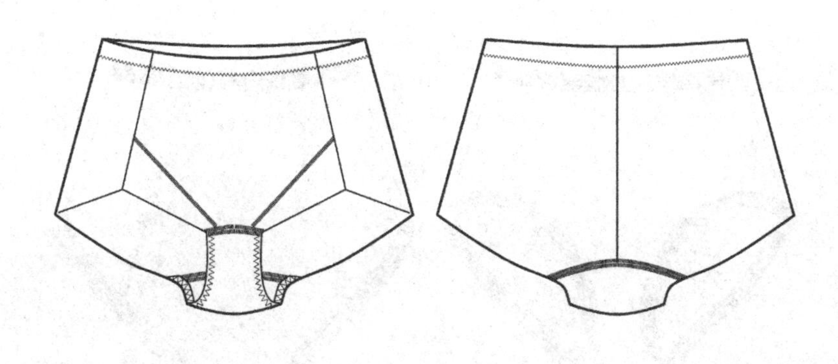

部位	裆深	臀围
尺寸	23	80

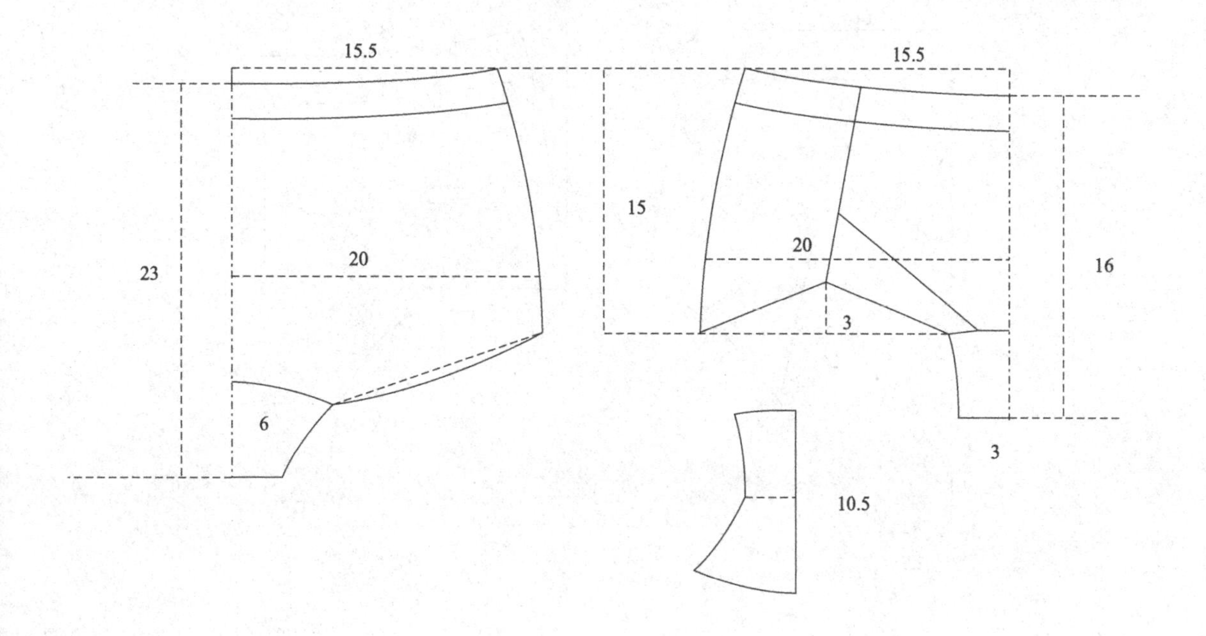

女士生理裤

女士生理裤是供女性生理期专用的内裤，最早是从日本引起的生理期呵护概念，旨在解决女性在生理期经血渗漏，弄脏衣物、出门不便等烦恼。在内裤的底部和后部加一层防水面料，从而能够有效防止经血的侧后漏的发生。夜用的生理裤，柔软的防水布一直延伸到腰部，可以帮助女性在经期的那几天晚上也能睡个安心觉。

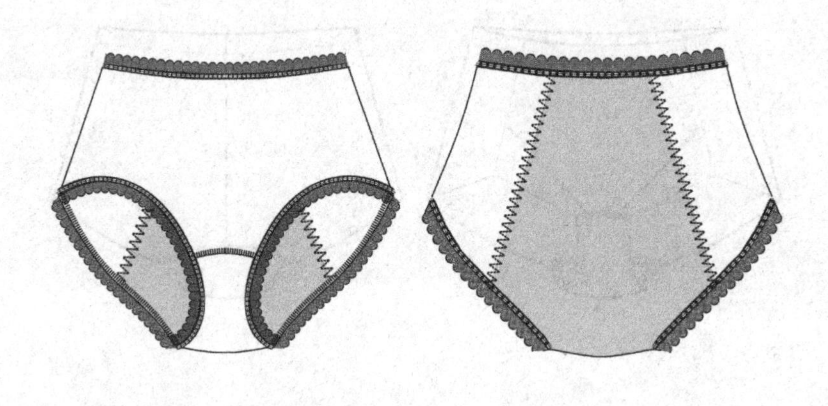

部位	裆深	腰围	臀围
尺寸	26	56	80

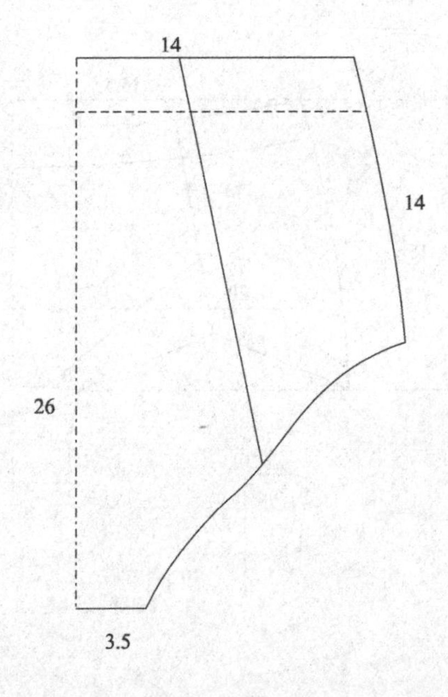

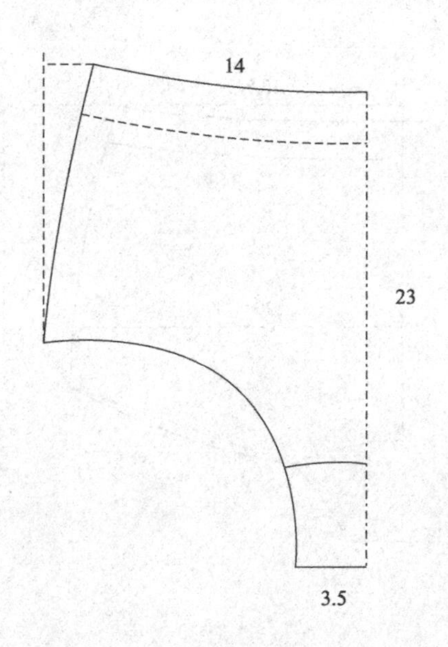

女士运动裤

女士运动短裤采用加宽腰头松紧带设计，增加腰部舒适度，配以腰部穿绳，调整腰围尺寸。运动中减少束缚感，是运动裤中常规版型。采用合理的面料，也非常的关键。

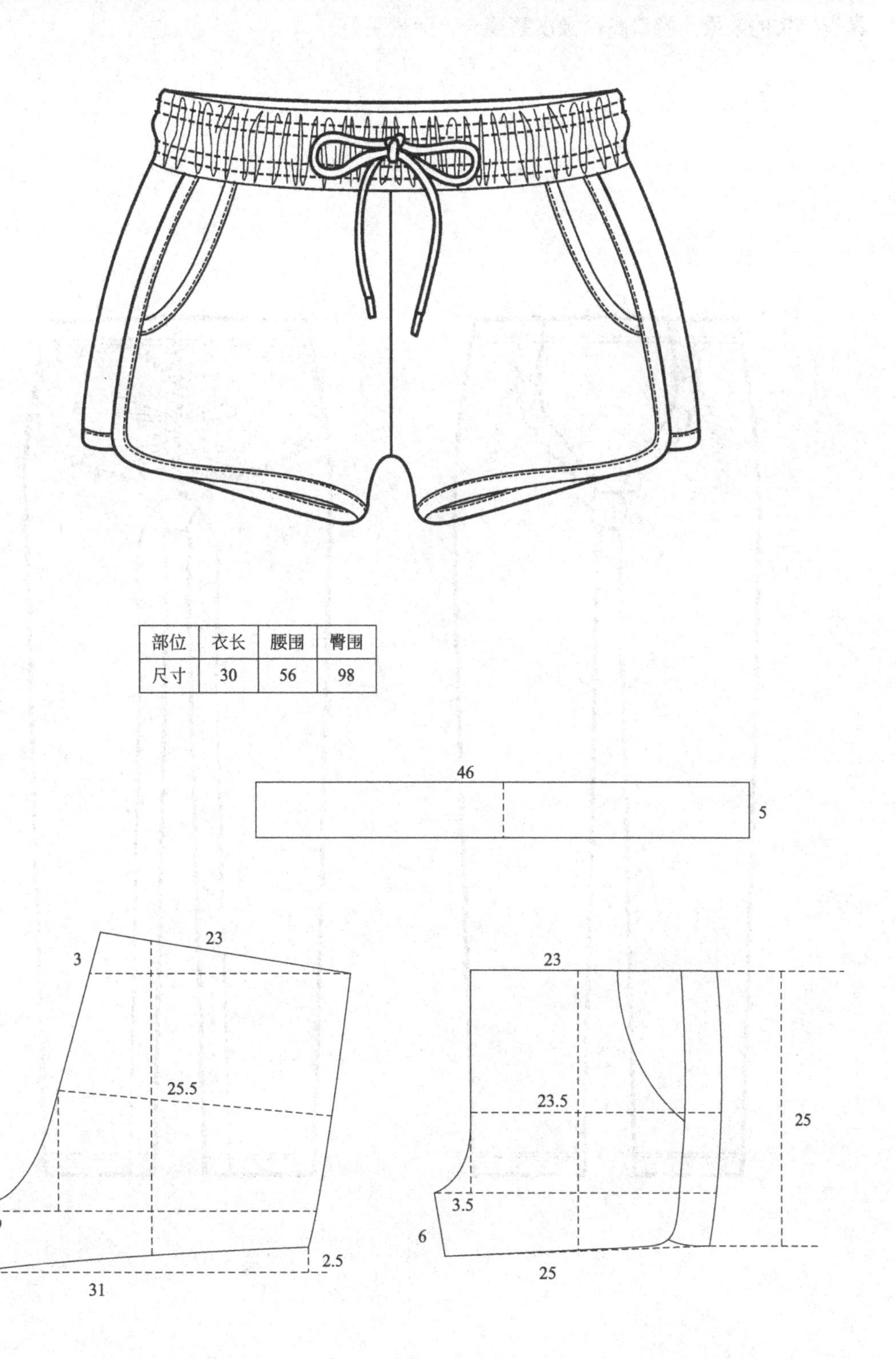

部位	衣长	腰围	臀围
尺寸	30	56	98

女士保暖裤

女士保暖裤采用一些特殊功能的材料，如自发热面料，里面加绒等材料。版型合理，前中双层设计，具有收腹效果；后片双层设计，采用回弹性好的面料做里层；Z形加固线，具有提臀的效果。裤口高弹橡皮筋缝合，弹性更好。

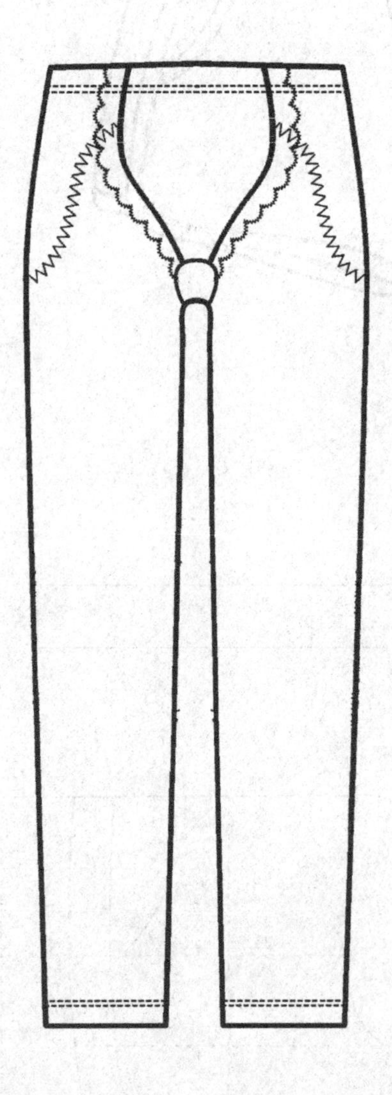

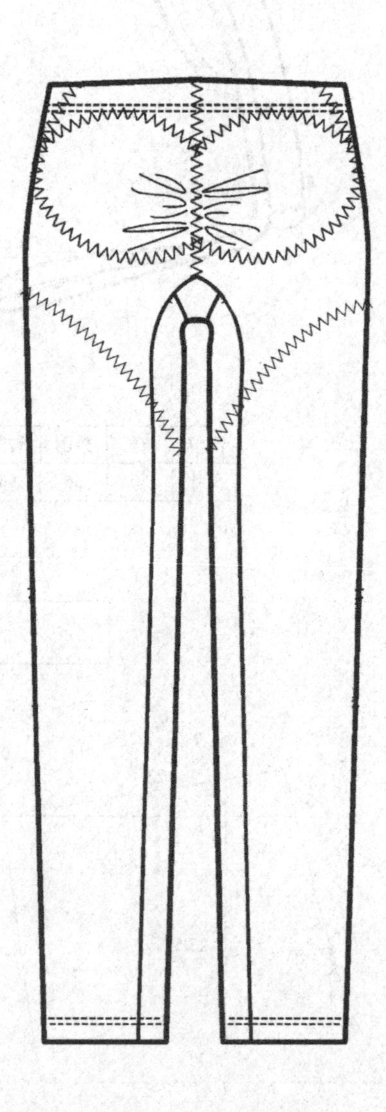

部位	长度	腰围	臀围
尺寸	90	56	74

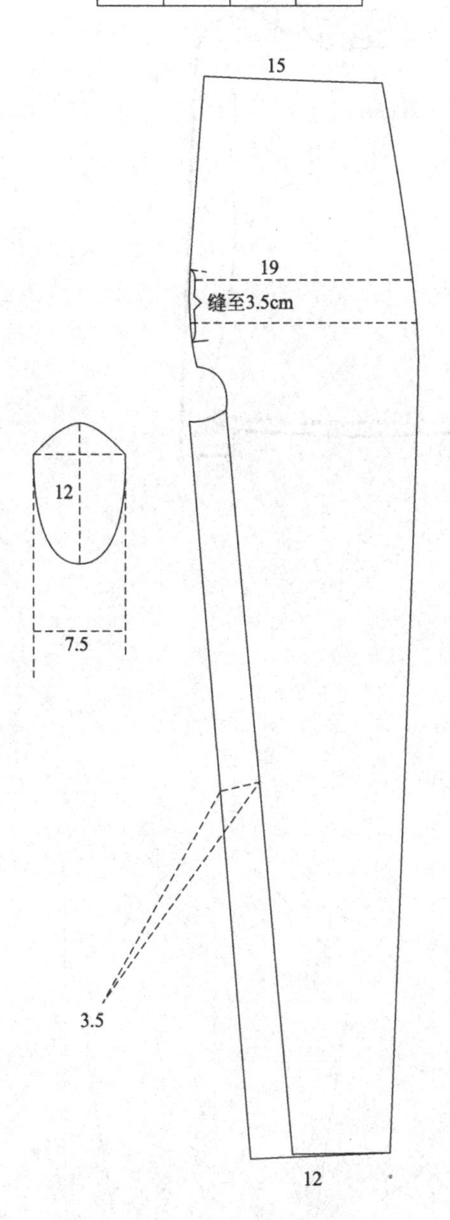

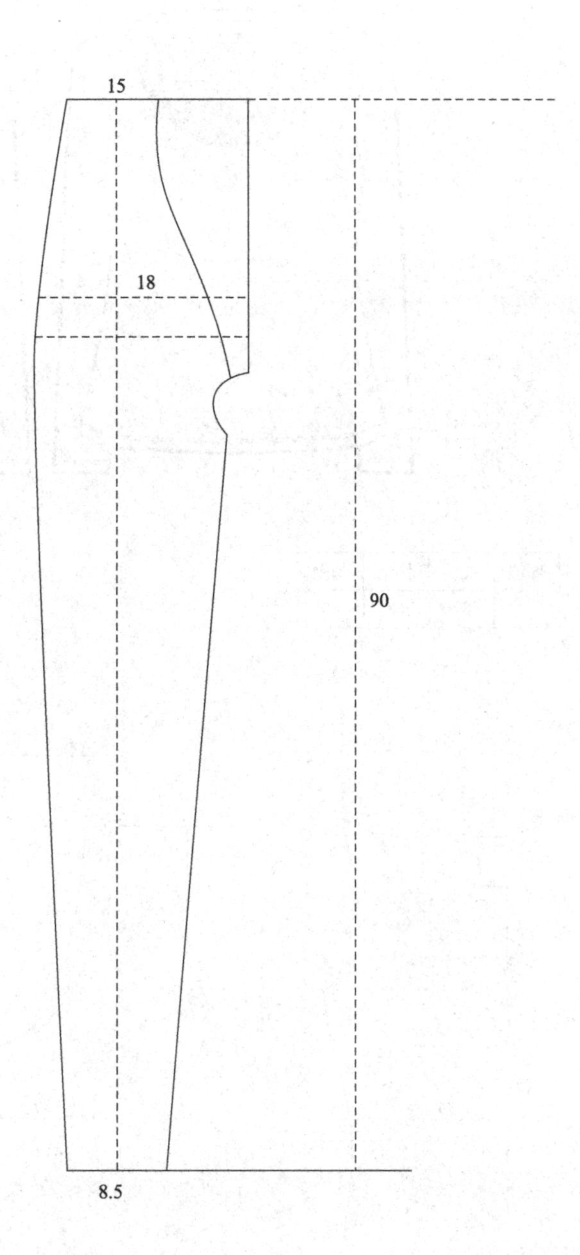

女士双层保暖内衣

女士双层保暖内衣的双层面料设计，中间的空气层起到更加的保暖的作用，里面选择回弹性好的面料，例如拉绒网眼布等，具有很好的束身效果；Z形线固定，弹性好。可以在领型处做亮点设计。

部位	衣长	腰围	胸围
尺寸	59	68	80

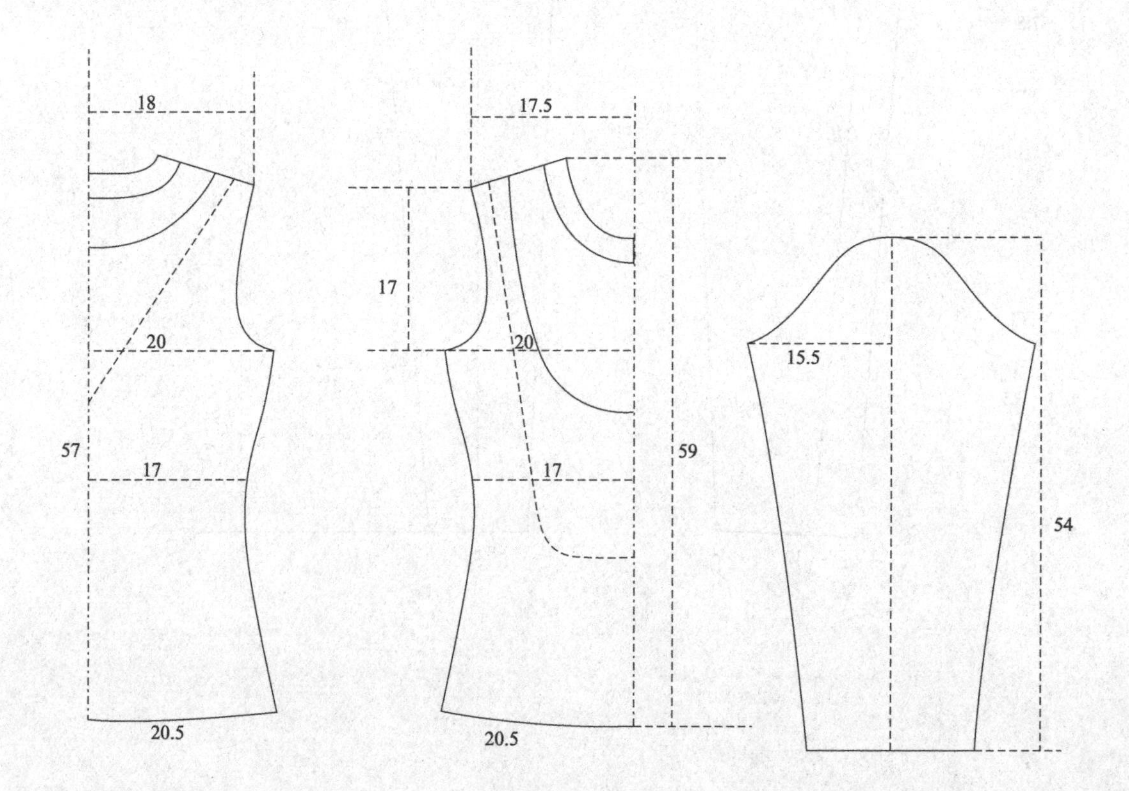

>> 秋衣秋裤套装

秋衣秋裤是指秋冬季节穿的一种长袖舒适贴身的服装，一般穿在外衣或者毛衣等的里面。一般选用全棉、人棉、化纤、拉架等面料。

部位	衣长	腰围	坐围
尺寸	102	70	96

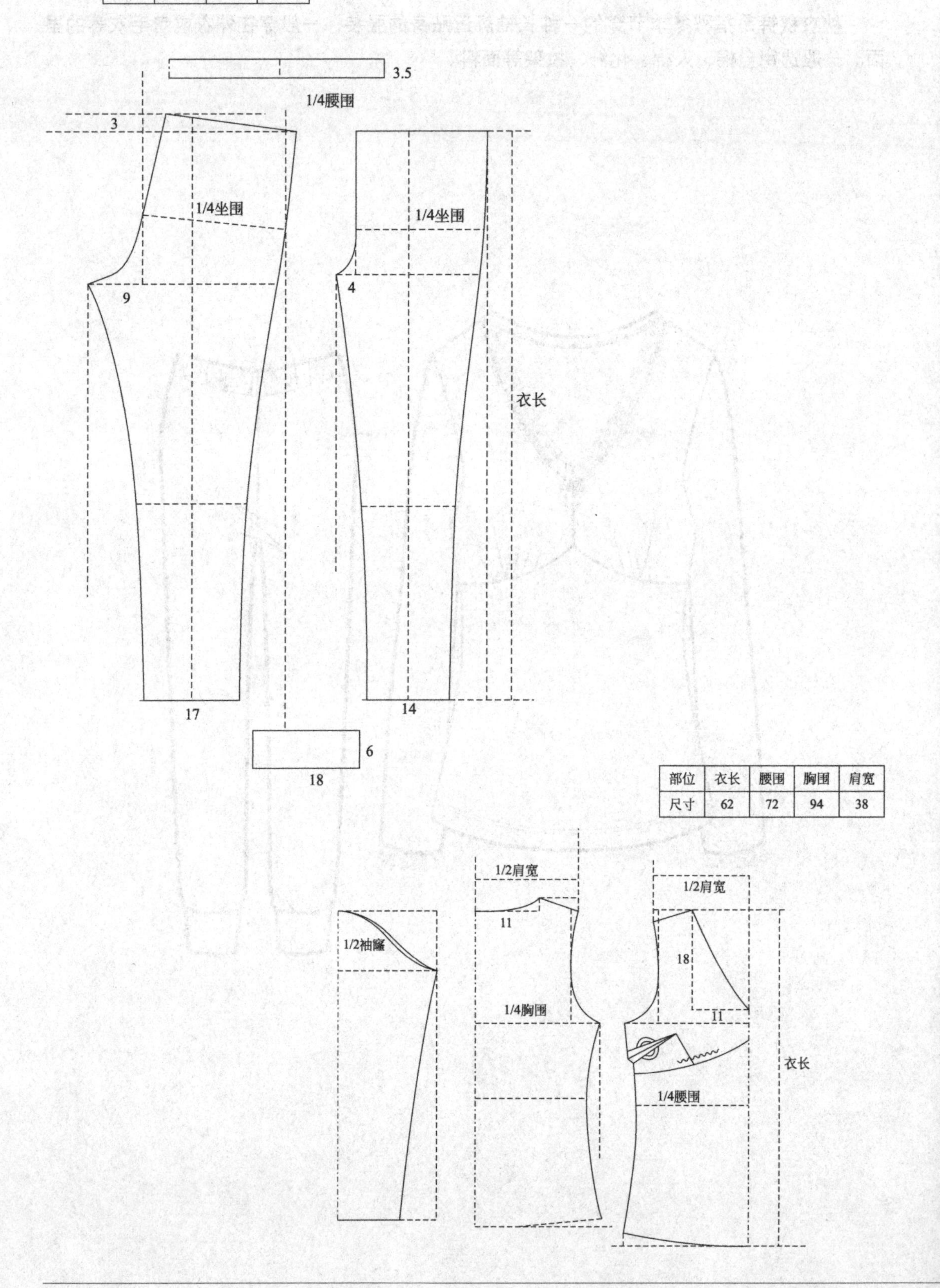

部位	衣长	腰围	胸围	肩宽
尺寸	62	72	94	38

Chapter 1

第四章

女式睡衣（家居服）板样结构图例

蝙蝠袖两件套睡裙

蝙蝠袖两件套睡裙，宽松睡裙，采用纯棉、棉氨纶等面料，可以加以印花、绣花等装饰，具有一定的外穿效果，符合当下年轻人的需求。

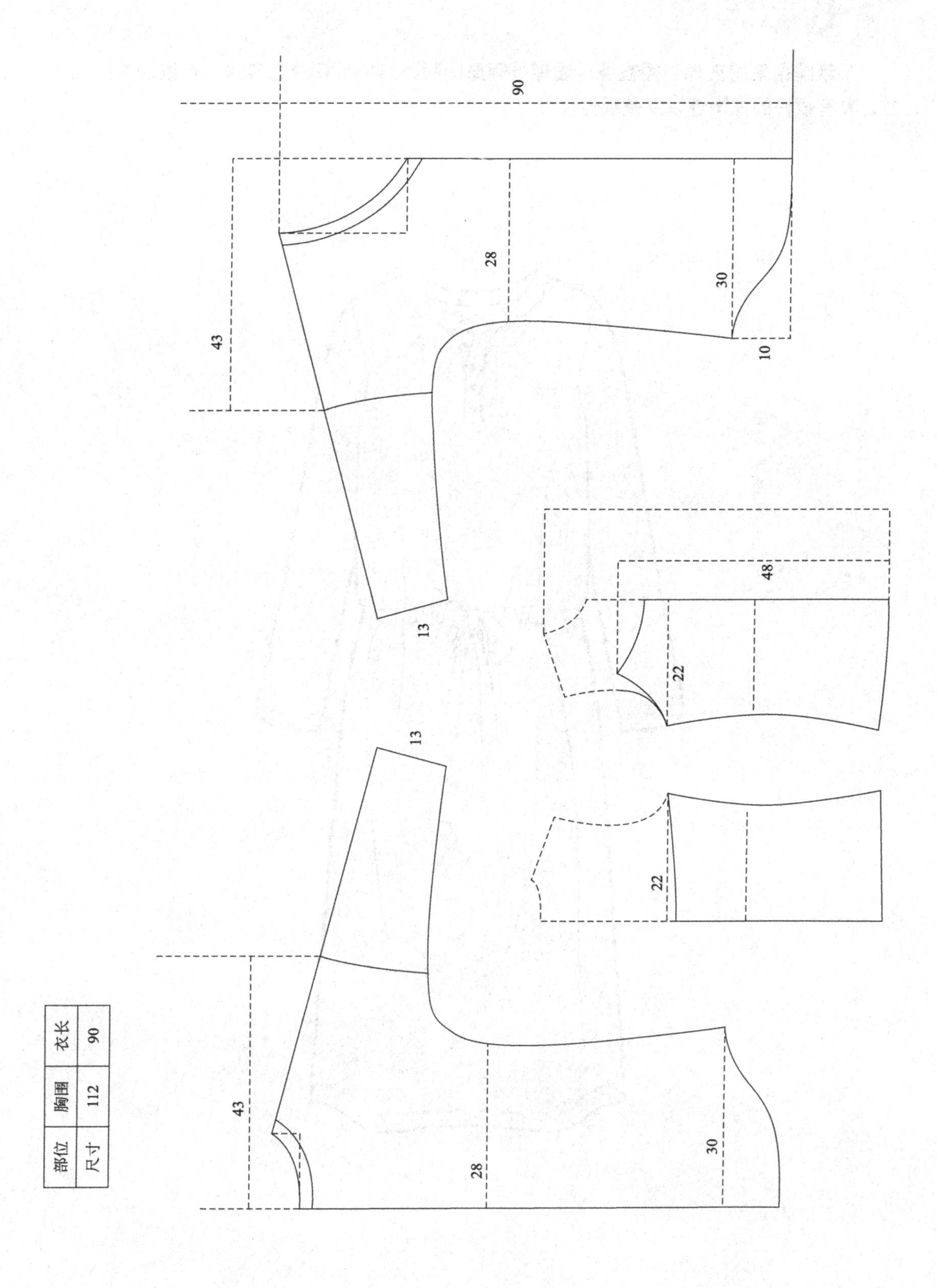

部位	胸围	衣长
尺寸	112	90

长款睡裙

长款睡裙采用夹棉、摇粒绒、珊瑚绒等厚面料，腰部抽褶或加腰强，可以调节腰部尺寸，具有很好的保暖性以及美观性。

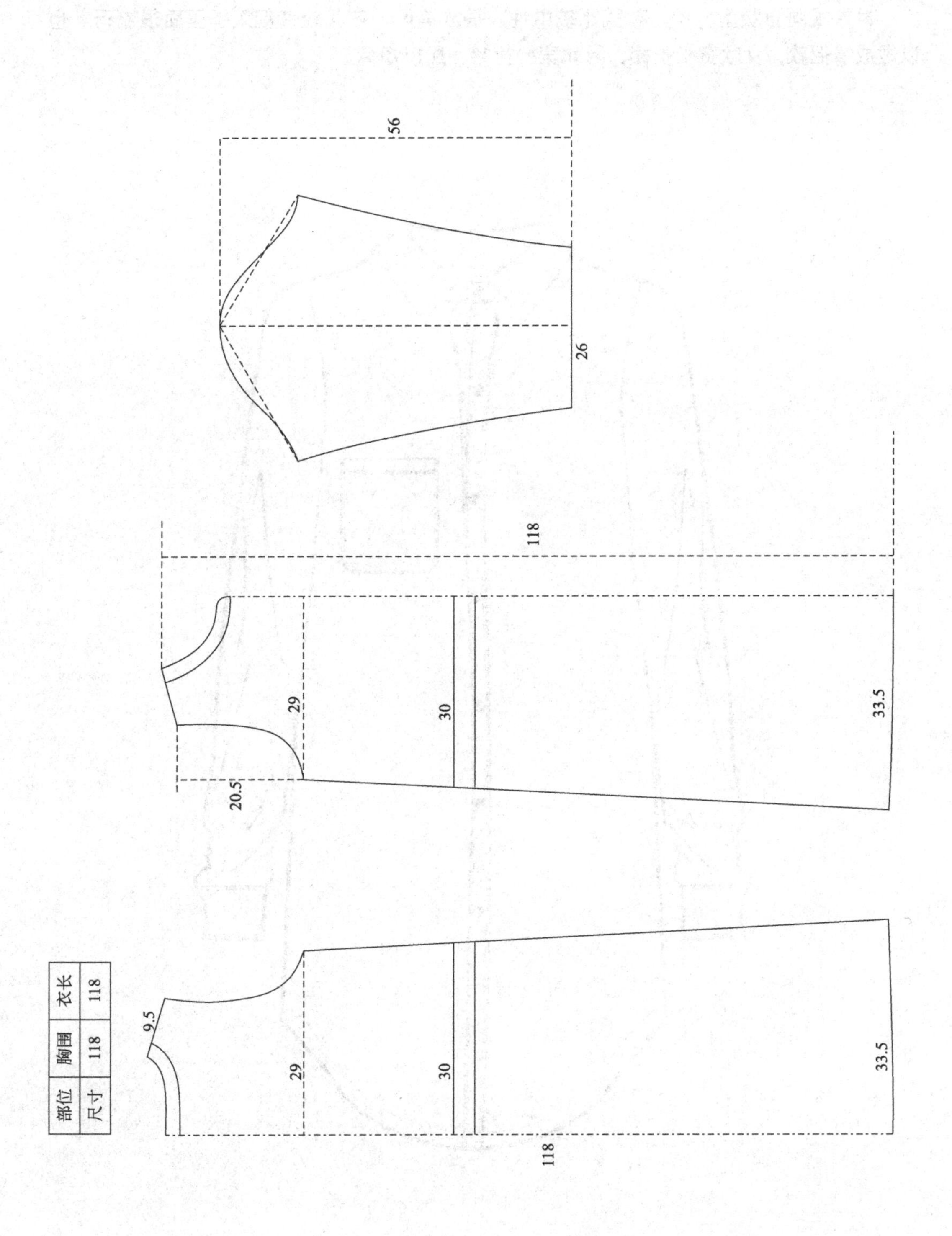
部位
胸围
衣长
尺寸
118
118
56
26
118
29
30
33.5
20.5
9.5
29
30
33.5
118

衬衫睡裙

衬衫式睡裙版型宽松，款式比较中性，很欧美风。在年轻情侣人群里面很流行。也可以做成情侣款，女款宽松长裙，男款宽松衬衫，配以短裤。

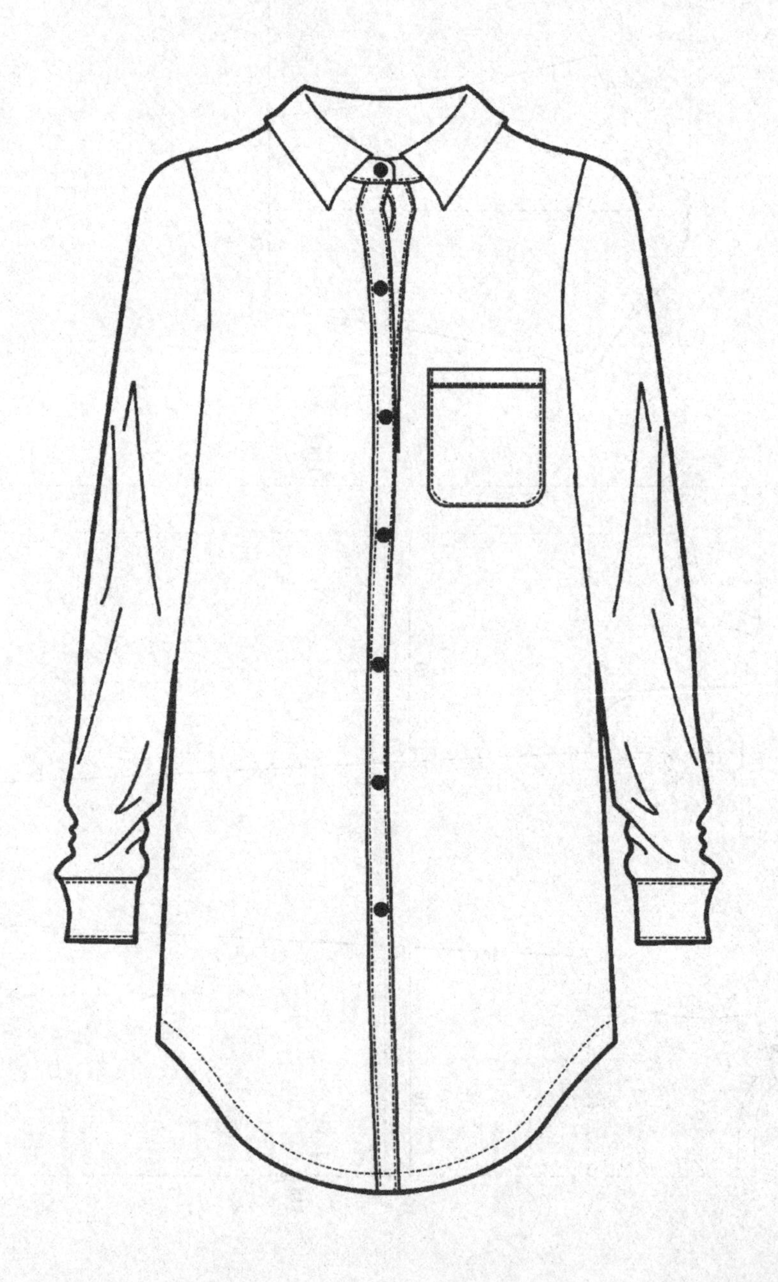

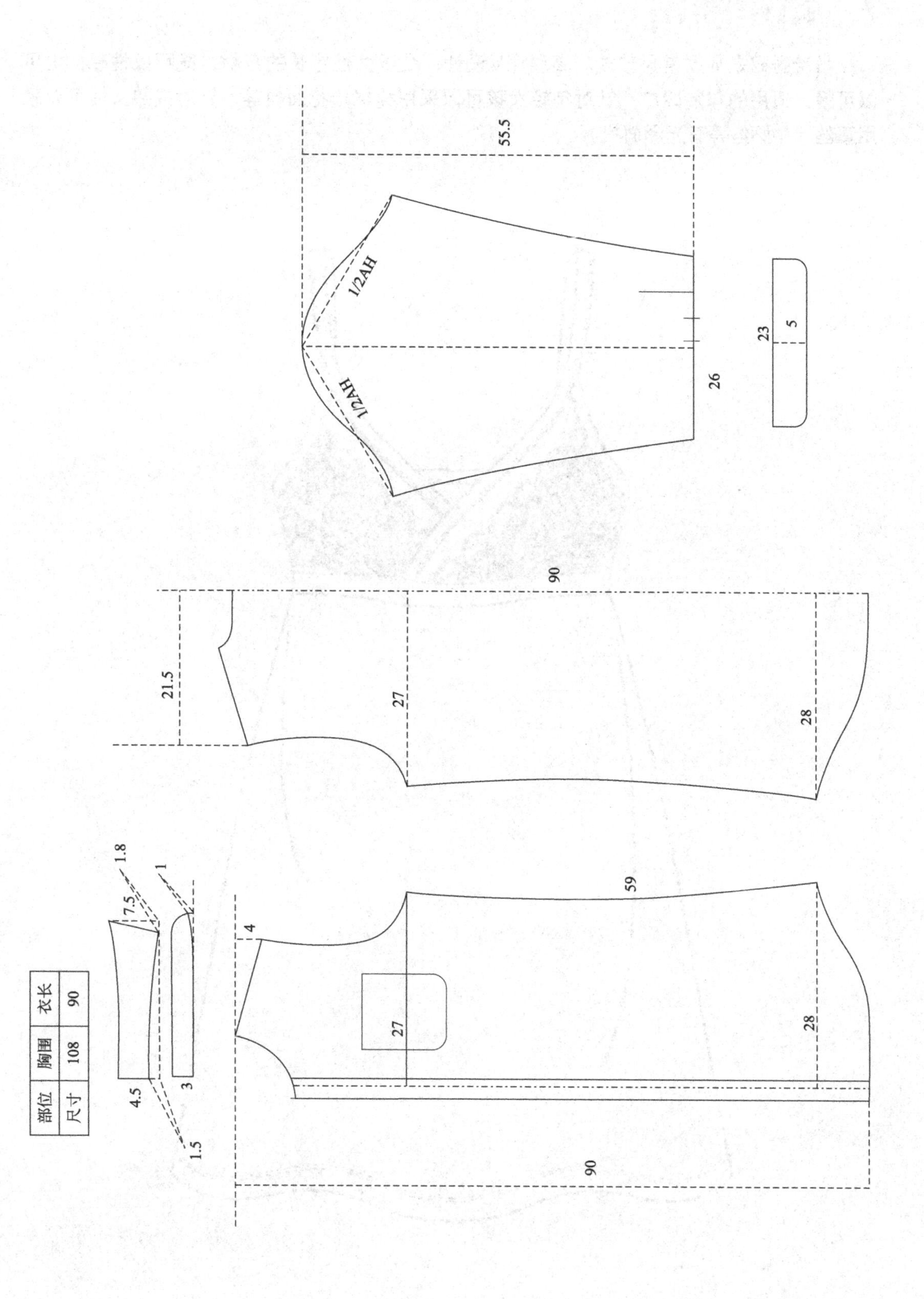
部位 胸围 衣长
尺寸 108 90
1.8
7.5
1
4.5
1.5
3
4
27
59
28
90
21.5
27
90
28
55.5
1/2AH
1/2AH
26
23
5

>> 吊带睡裙

吊带睡裙是夏季常见款式。高腰深V设计，凸显女性修长的身材，既可以性感，也可以可爱，适用的年龄段广。针对年轻女孩可以采用纯棉印花面料等，针对成熟女性可以采用真丝、牛奶丝等有光泽面料。

部位	胸围	衣长
尺寸	84	100

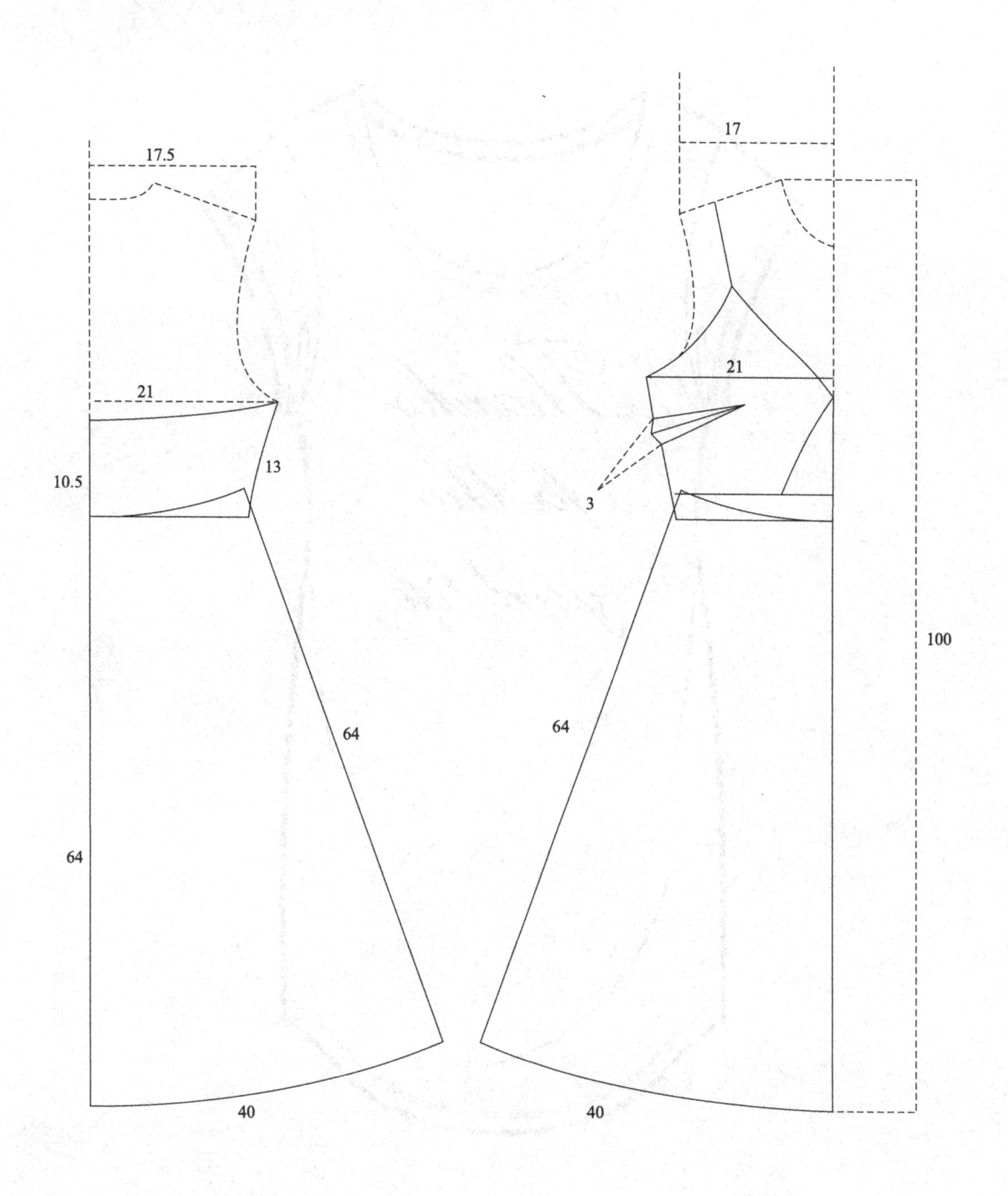

短袖睡裙

短袖睡裙是夏季款式，领型偏大，长款修身弧形下摆。款式简单，是最常见的一款睡裙。前片可以做印花等装饰。多采用弹性较好的针织面料，如棉氨、莫代尔、黏胶等。

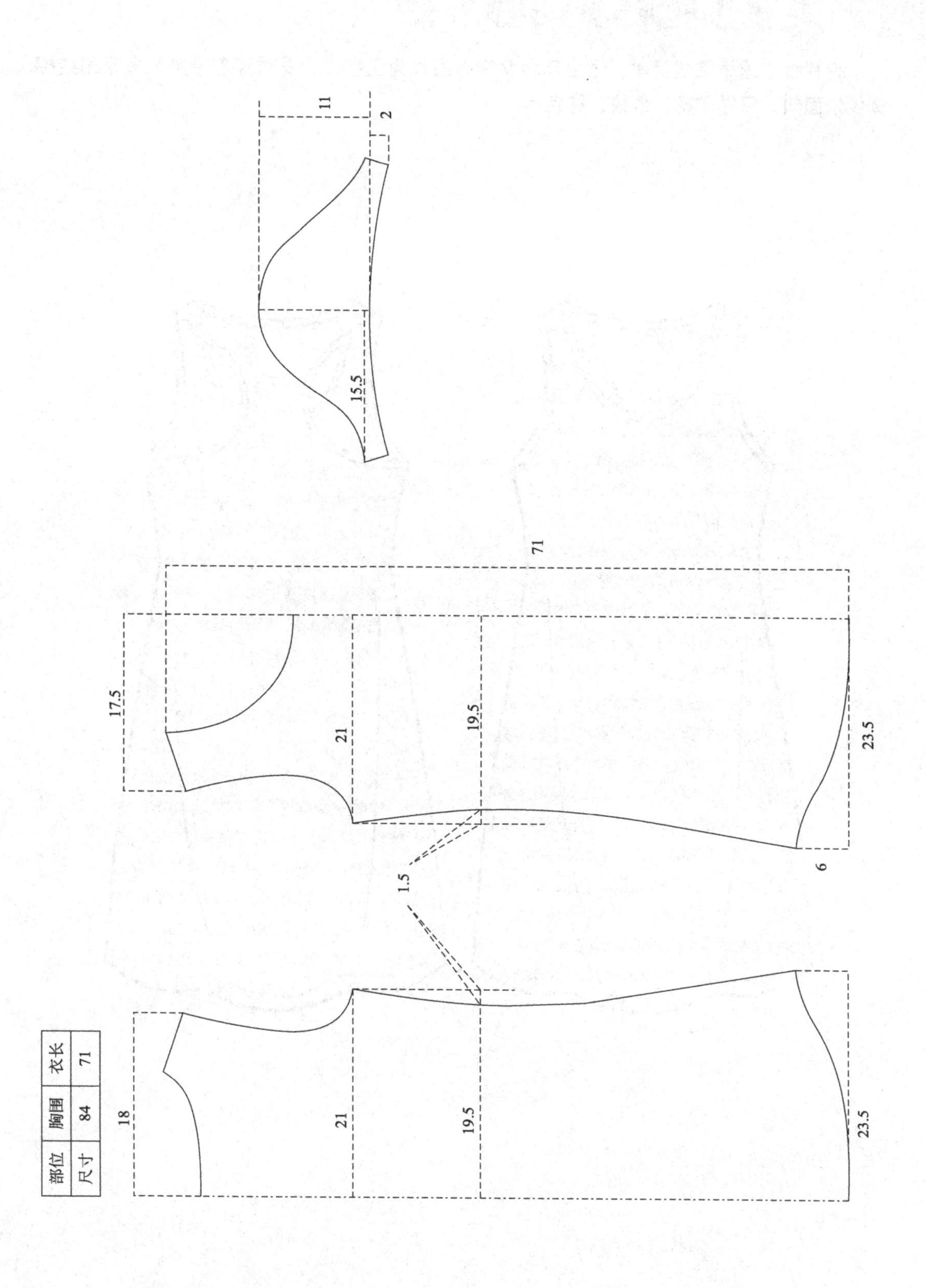

部位	胸围	衣长
尺寸	84	71

工字（跨栏）背心睡裙

跨栏背心睡裙款式简单，适合年轻女性，后片为工字式、夏季穿着凉爽，多采用纯棉、莫代尔面料，可做印花、条纹、纯色等。

部位	胸围	衣长
尺寸	96	85

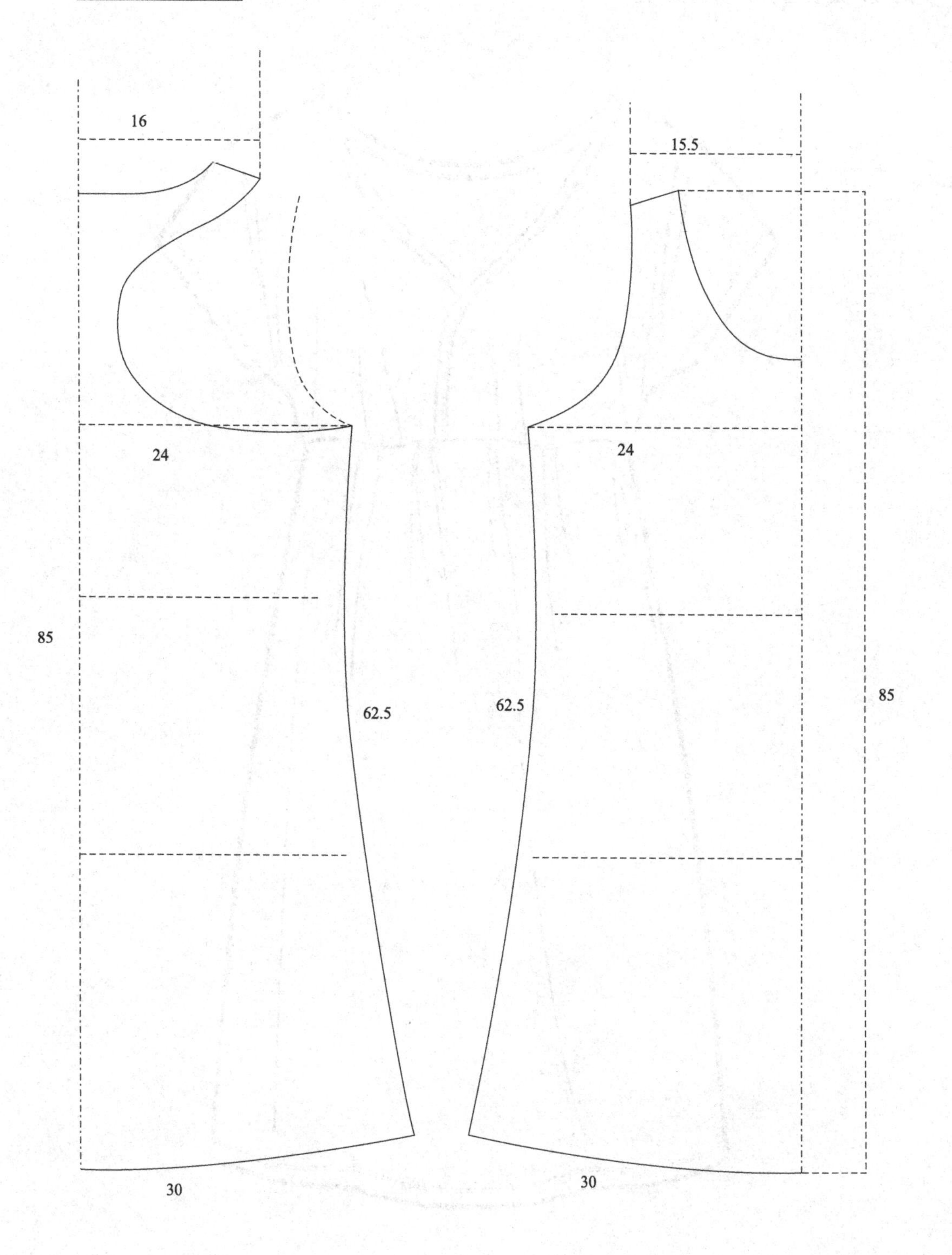

连袖睡裙

连袖睡裙为宽松款，连袖，是拼接款。版型大身宽松，裙摆也非常宽松。腰部做抽褶处理，适合各种身材的女性。

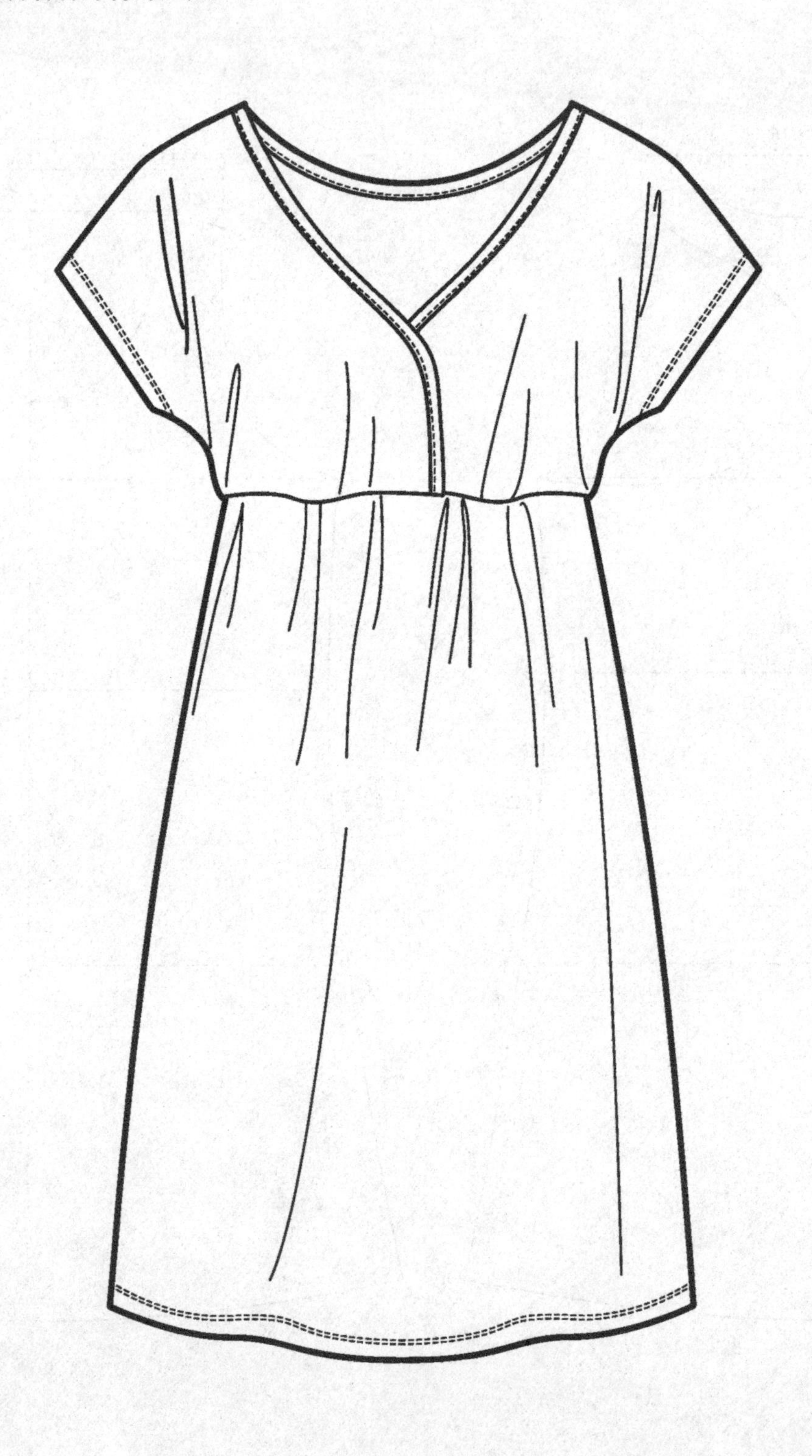

部位	胸围	衣长
尺寸	116	100

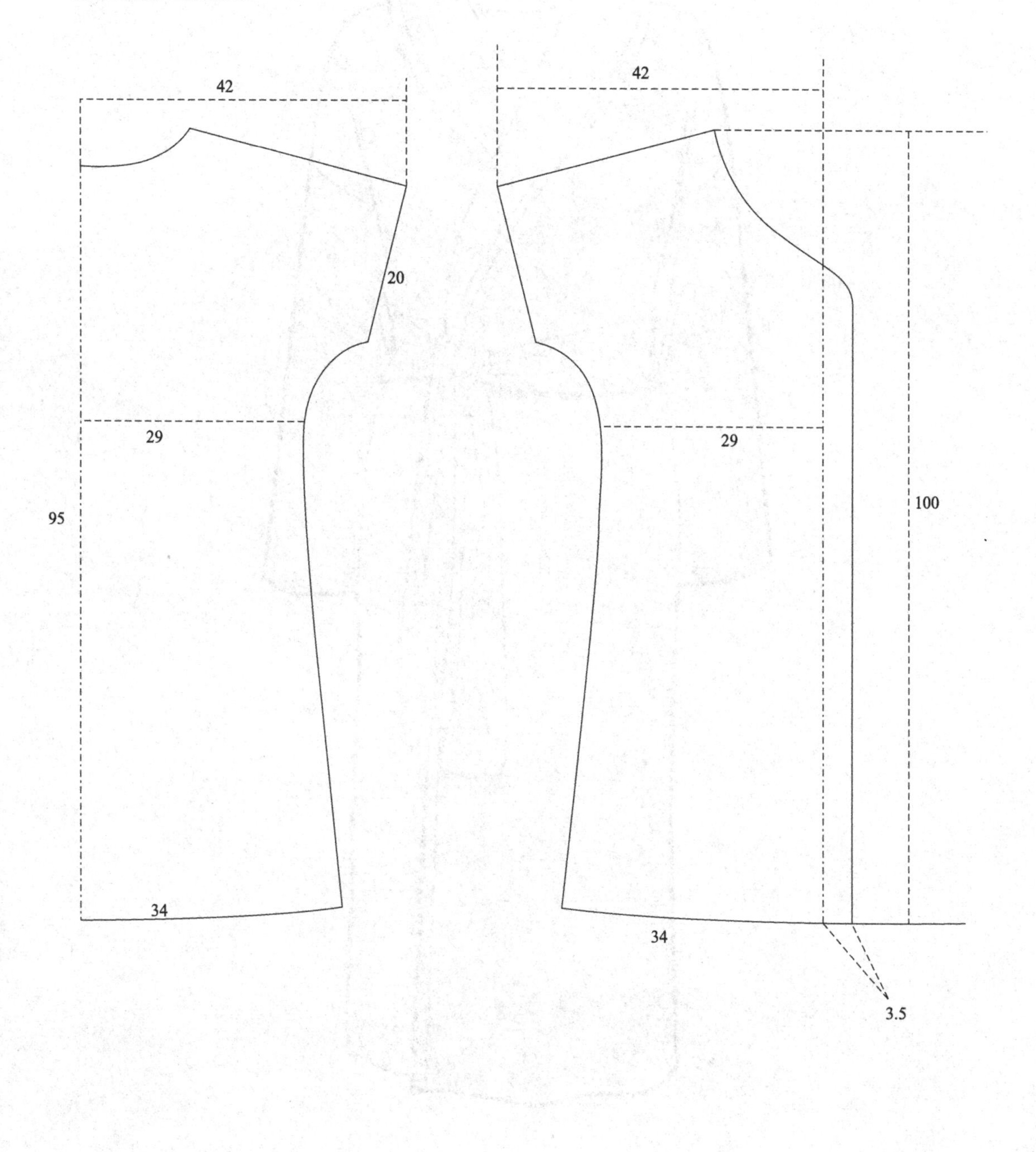

睡袍

睡袍（浴袍）是指在卧室中穿用的宽松且较长的袍服。面料上，春夏季选用真丝、莫代尔等；秋冬季选用毛巾布、摇粒绒、珊瑚绒等厚绒面料。

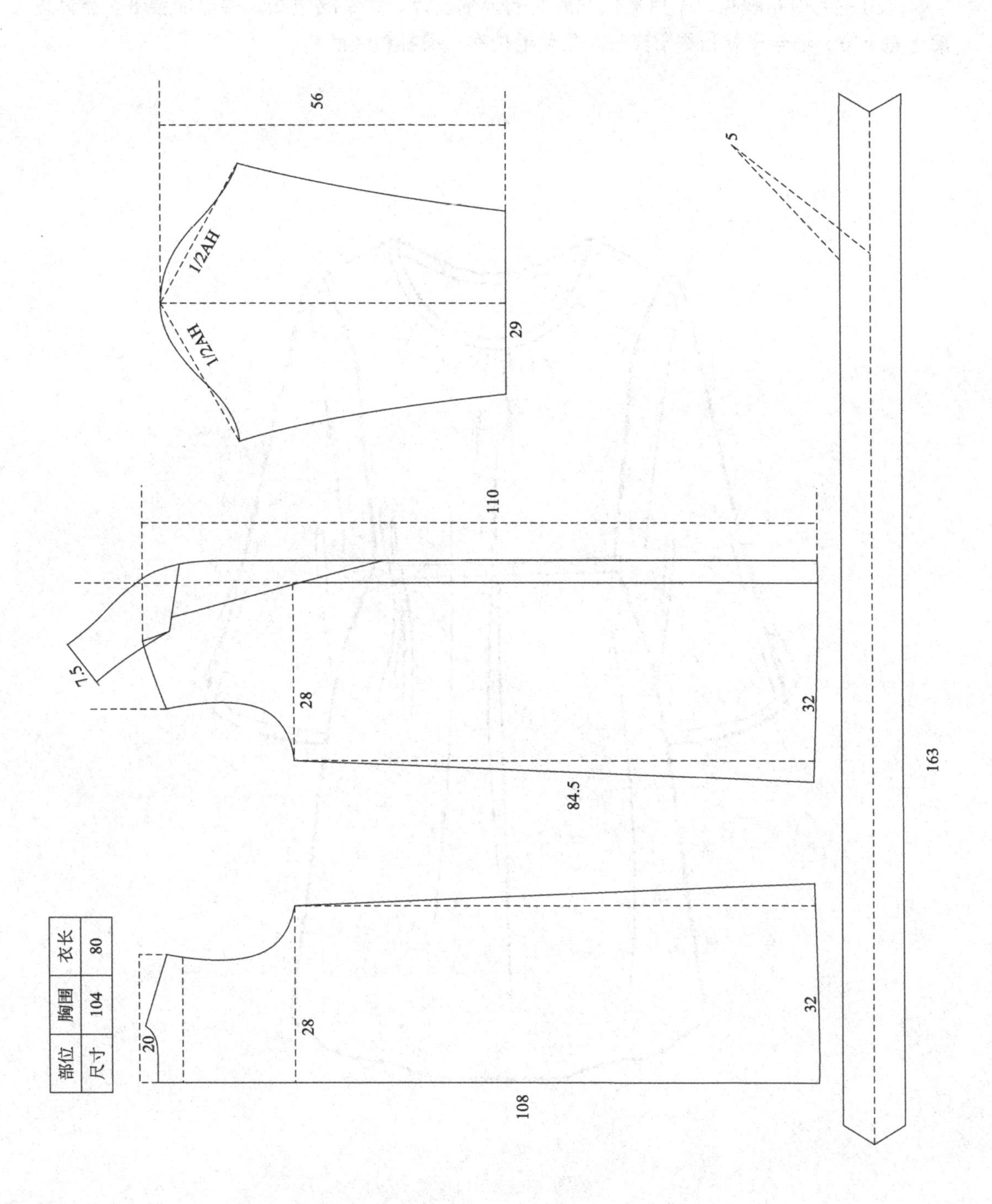

部位	胸围	衣长
尺寸	104	80

七分袖毛巾布睡裙

七分袖毛巾布睡裙，采用宽松肥大的七分袖设计。大身略宽松，腰部加腰带。整体轮廓上宽下窄，适合于初秋季节穿着。采用毛巾布、薄摇粒绒面料。

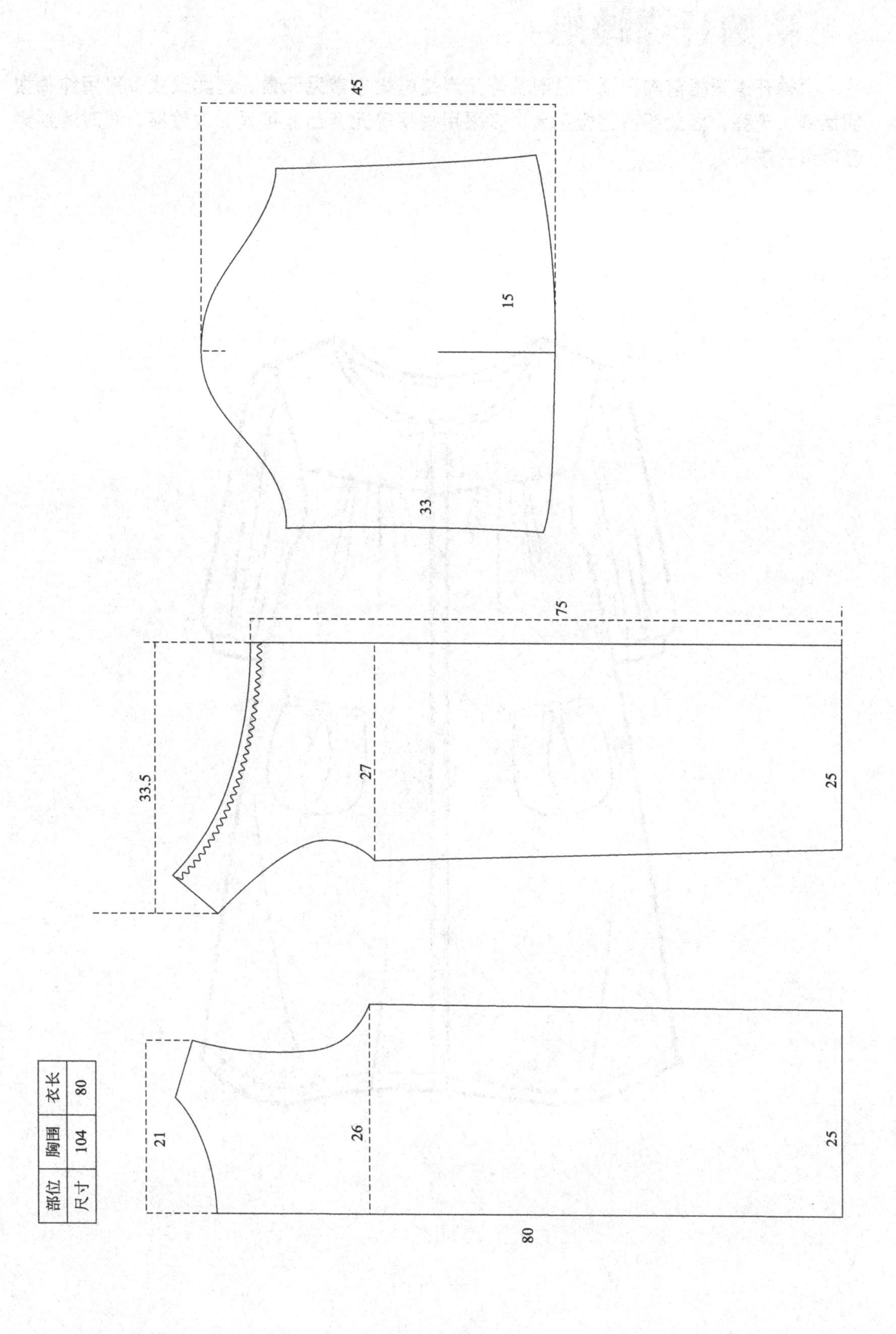

部位	胸围	衣长
尺寸	104	80

>> 中袖开襟睡裙

中袖开襟睡裙前胸捏褶、泡泡袖等元素是睡裙中常见元素。这类款式多采用纯棉梭织面料，无弹，因此版型宽松肥大。多采用捏褶等元素凸显可爱活泼效果，同时达到穿着舒适的效果。

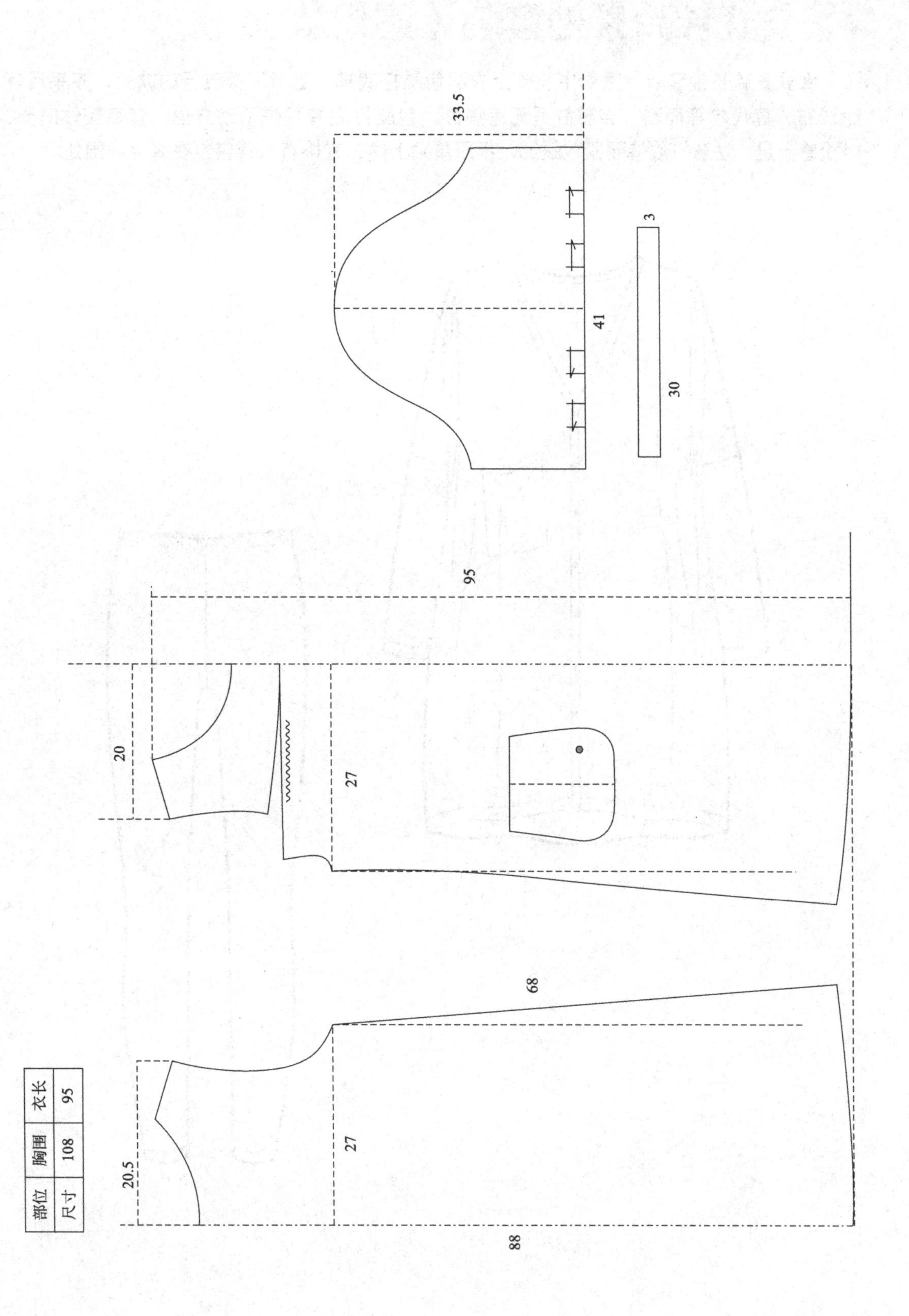
部位
尺寸
胸围
108
衣长
95
20.5
27
88
68
20
27
95
33.5
41
3
30

>> 女式长款长袖套装（春秋款）

女式长款长袖套装，宽松中长款上衣配包腿打底裤，是当下很流行的款式，多采用氨纶汗布、莫代尔等面料。穿着舒适无束缚感，包腿打底裤更是活动方便。套装整体时尚，轻松感十足，注意打底裤要紧包腿部，不用单独上腰，直接将松紧带包在裤片腰围处。

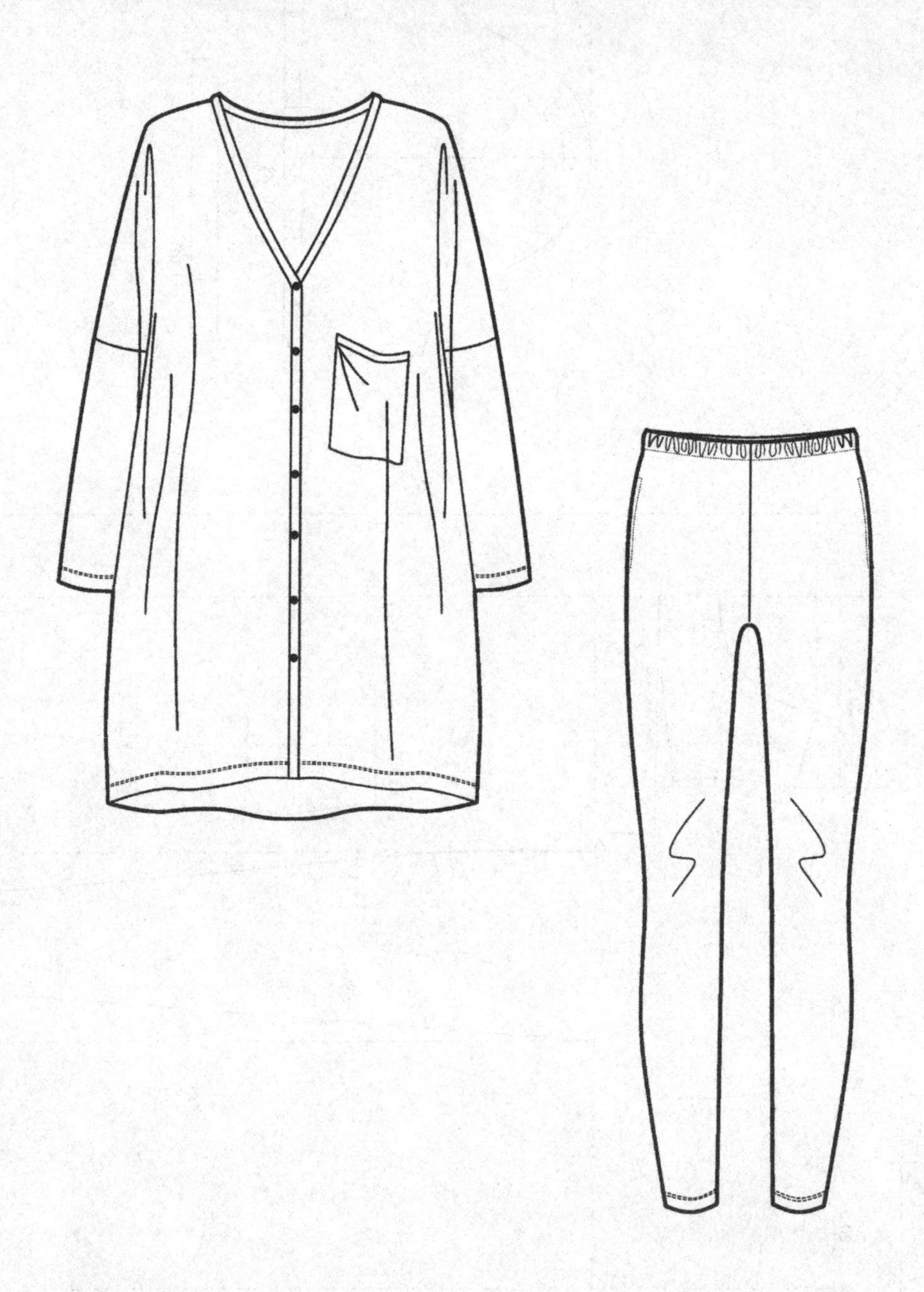

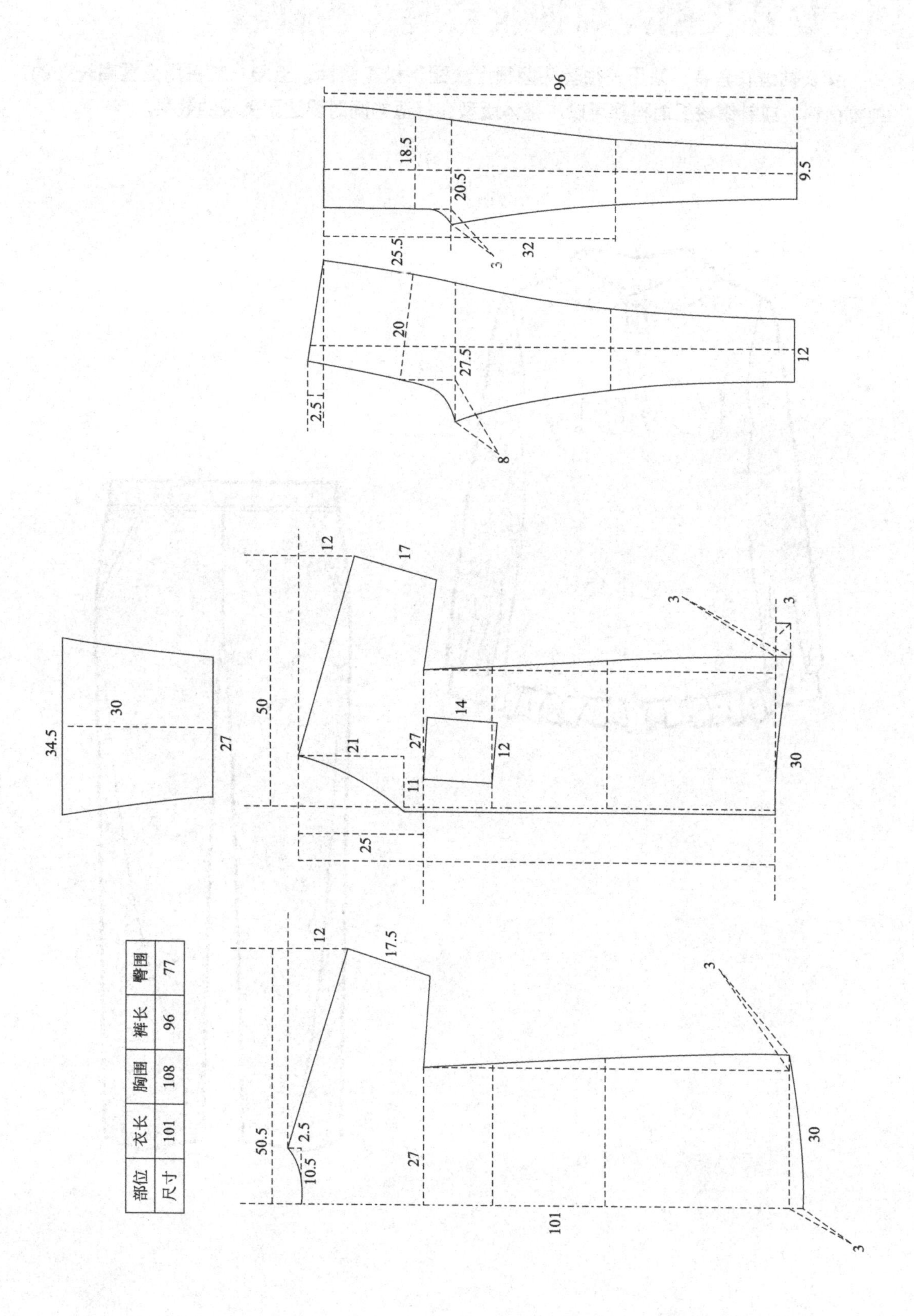

部位	衣长	胸围	裤长	臀围
尺寸	101	108	96	77

女式长袖纯棉睡衣套装（春秋款）

女长袖睡衣套装，采用长袖套头翻领上衣配宽松直筒裤，上腰。常采用克重高一些的纯棉面料，或针织梭织面料都可以。整体版型在舒适的同时要达到美观的效果。

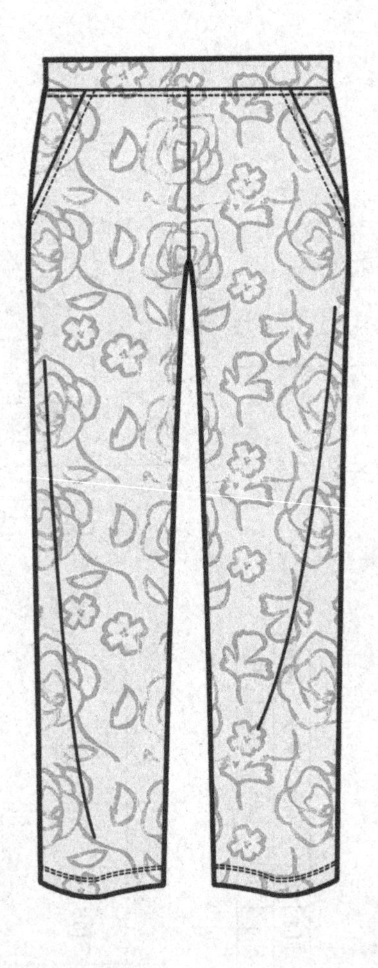

部位	衣长	胸围	裤长	臀围
尺寸	67	106	96	100

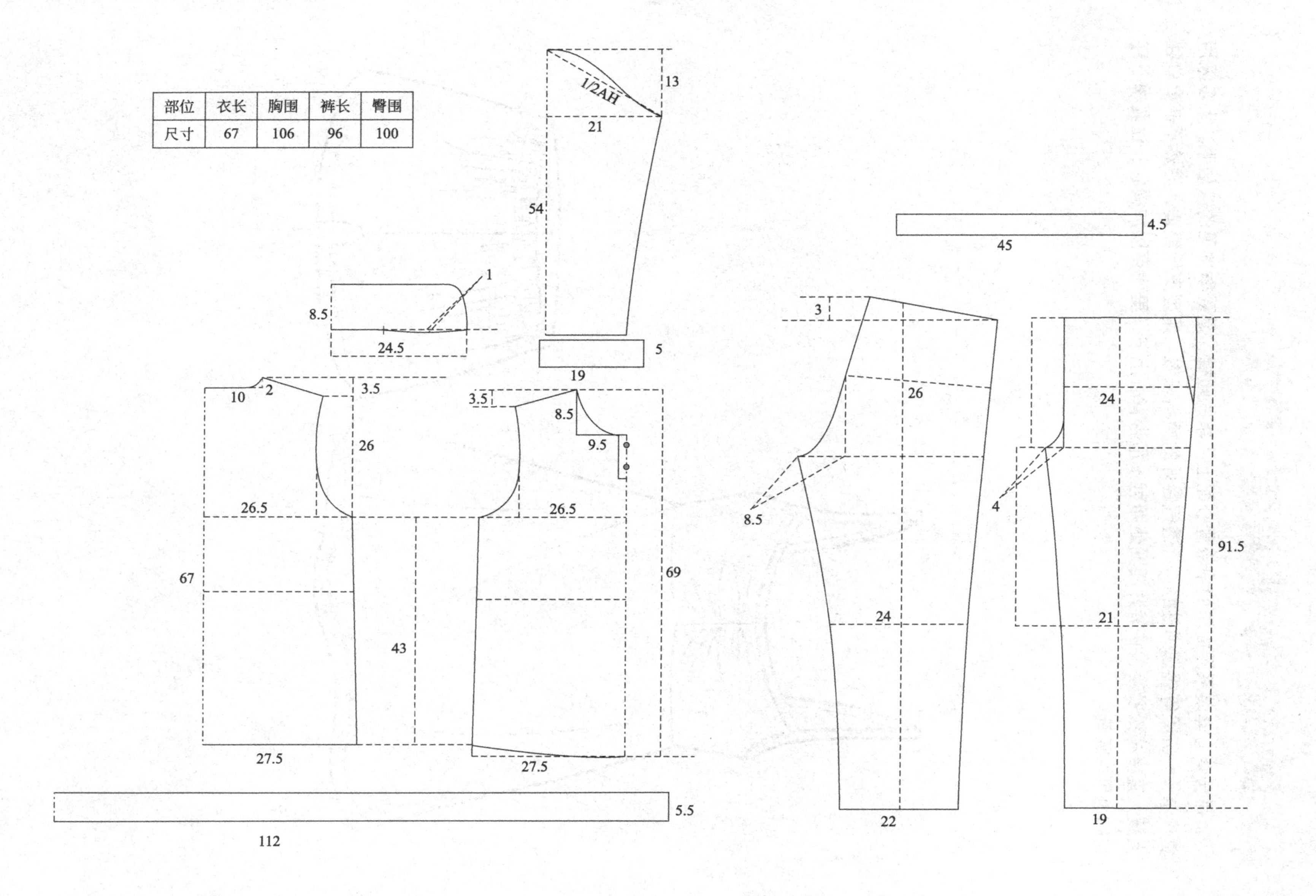

>> 女式吊带背心套装（夏款）

吊带背心套装采用简单的吊带背心配上简单的短裤，是夏季常见的家居服。大多采用莫代尔、竹纤维等轻薄弹性好，且透气性好的面料来做。版型宽松舒适，短裤不需要单独上腰，直接将松紧带包在裤片腰围处即可；吊带背心上节，里面可以加模杯，让夏季不穿文胸也可以穿着。

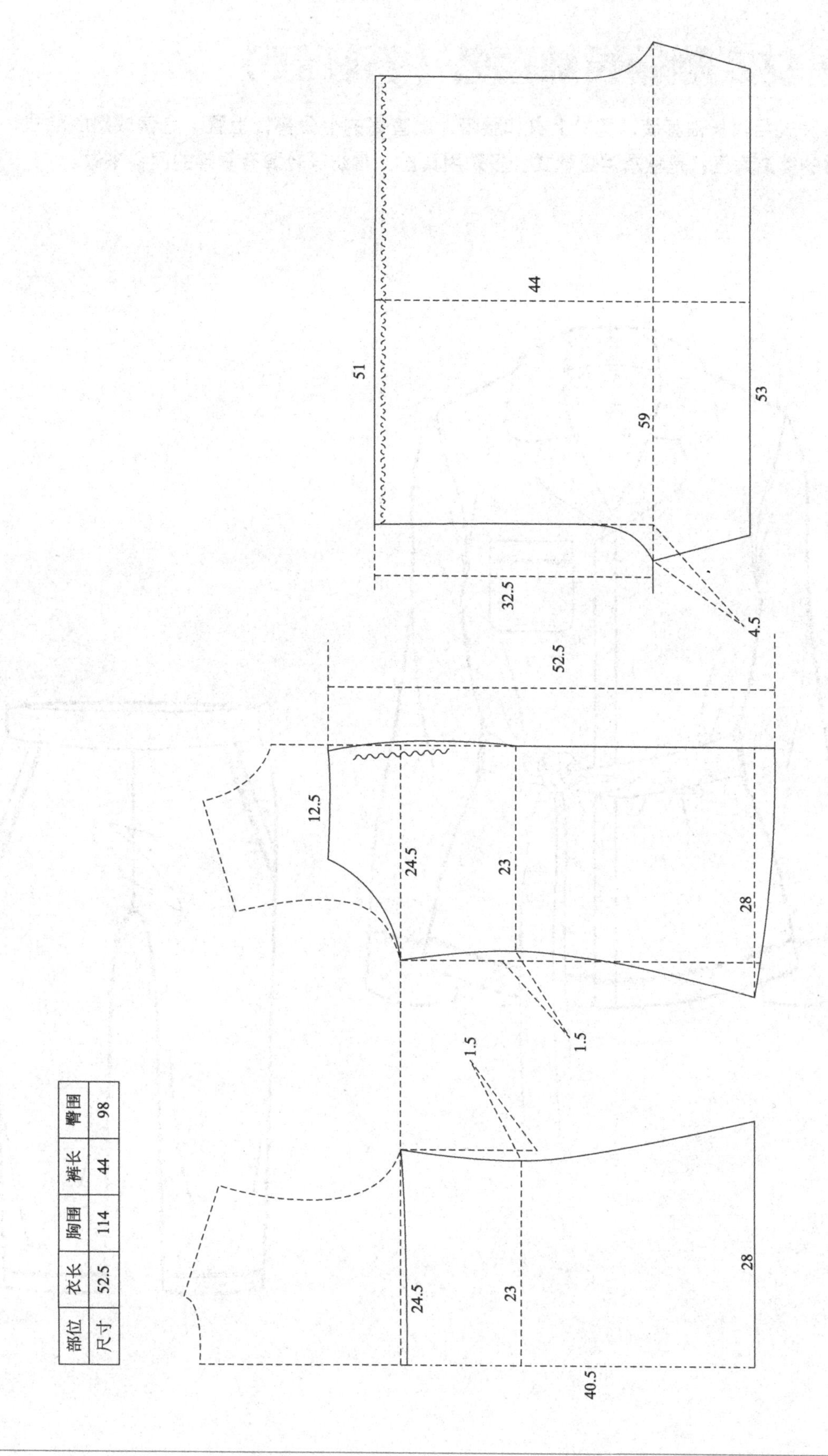

部位	衣长	胸围	裤长	臀围
尺寸	52.5	114	44	98

女式翻领长袖套装（春秋款）

女式翻领长袖套装，宽松上衣加腰带，配直筒的七分裤，上腰。是偏成熟的款式，也非常的简洁大气，是秋季常见款式。多采用真丝、雪纺等轻薄有垂感的面料来做。

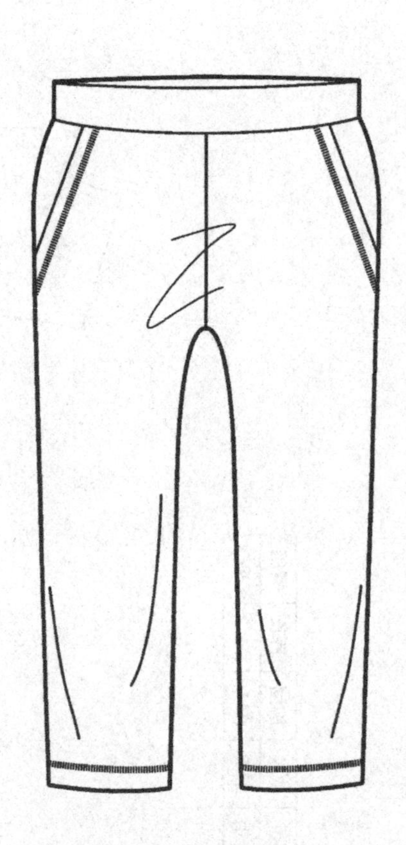

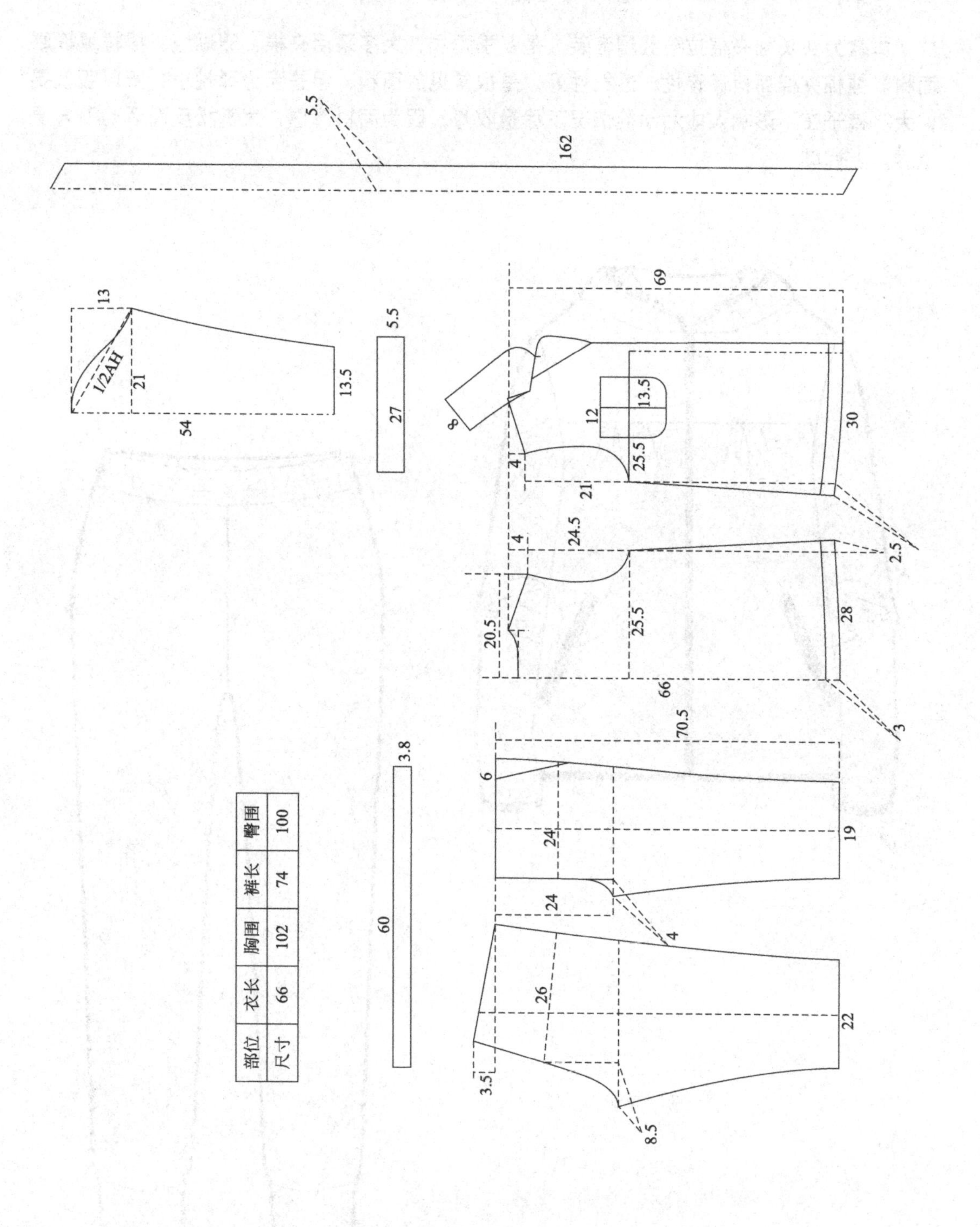

部位	衣长	胸围	裤长	臀围
尺寸	66	102	74	100

女式夹棉带帽套装（冬款）

本款为女长袖夹棉拉链戴帽套装，是冬季睡衣，大多采用夹棉、珊瑚绒、摇粒绒等厚面料。纯棉夹棉面料保暖性、透气性好，是很常见的面料，但是因为弹性小，所以版型要偏大。裤子在不影响人体活动的情况下尽量收身，因为面料厚重，太宽松反而活动不方便上腰，上裤口。

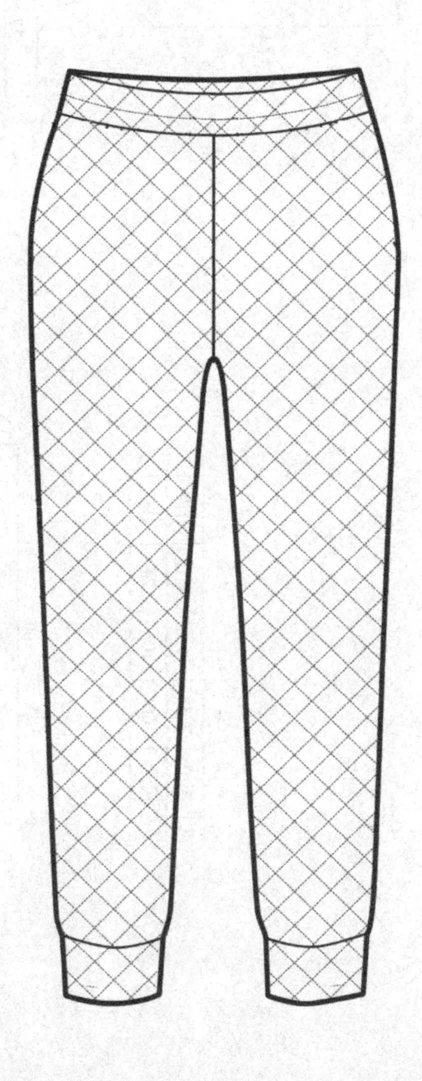

部位	衣长	胸围	裤长	臀围
尺寸	66	104	98	94

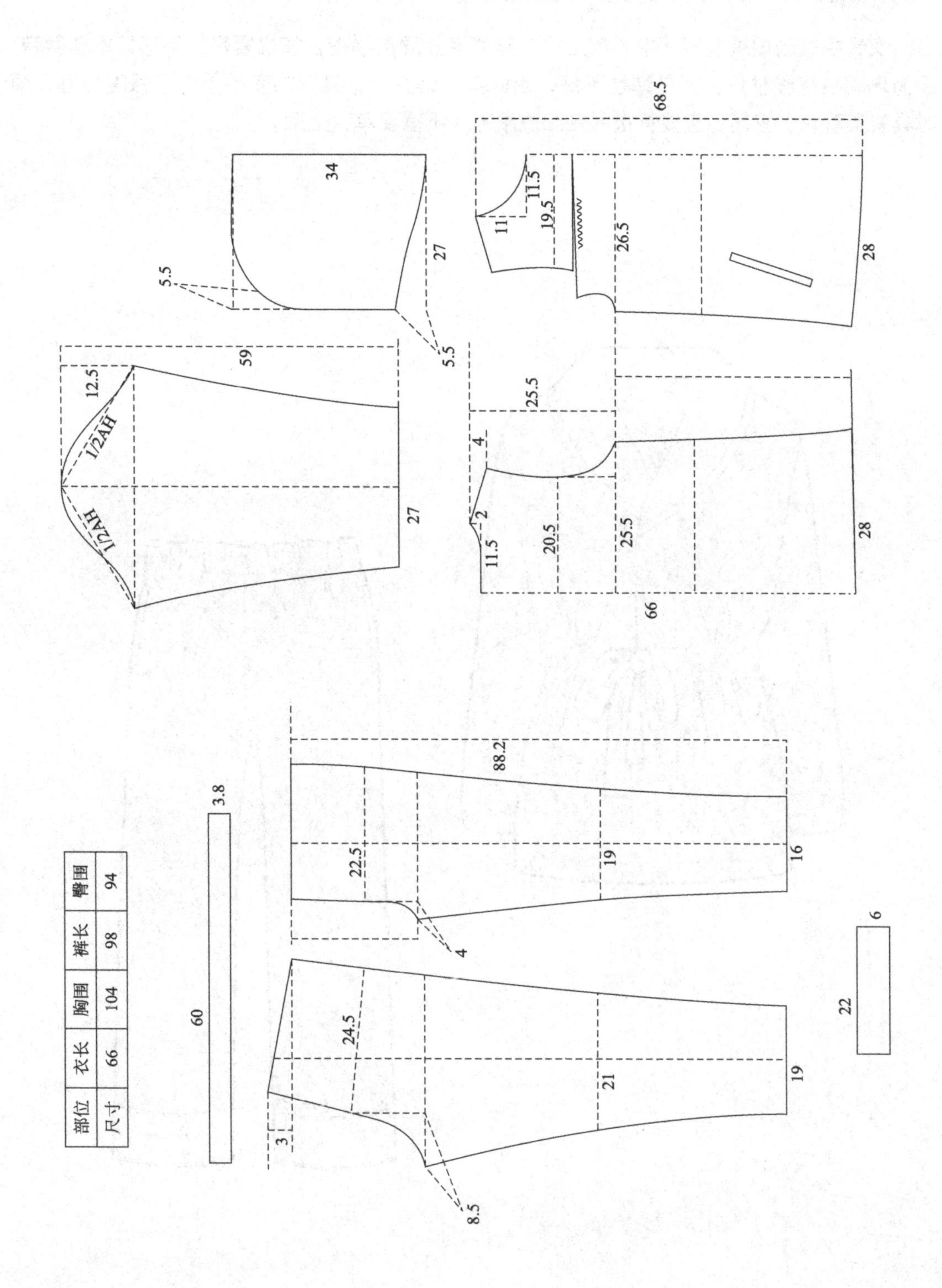

女式青果领珊瑚绒套装（冬款）

女青果领珊瑚绒套装，中长款上衣，直筒裤。腰部抽褶，加松紧带，外部接本料腰带。因为珊瑚绒保暖性好，但是弹性不好，因此款式偏宽大，腰部加腰带是为了保暖性好，同时具有美观性。直筒裤直接将松紧带缅进腰部，不需要单独上腰。

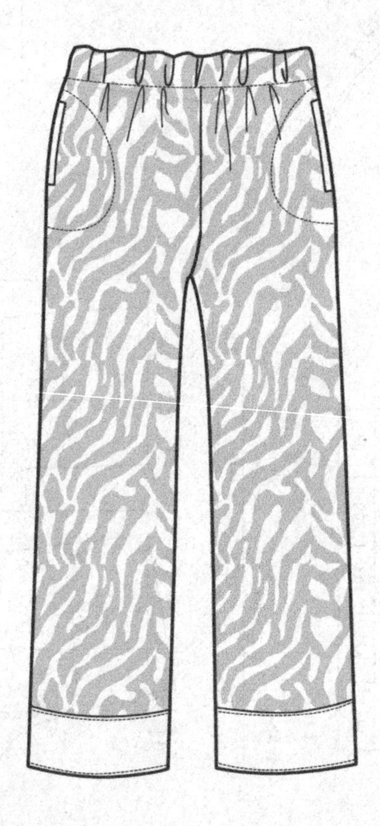

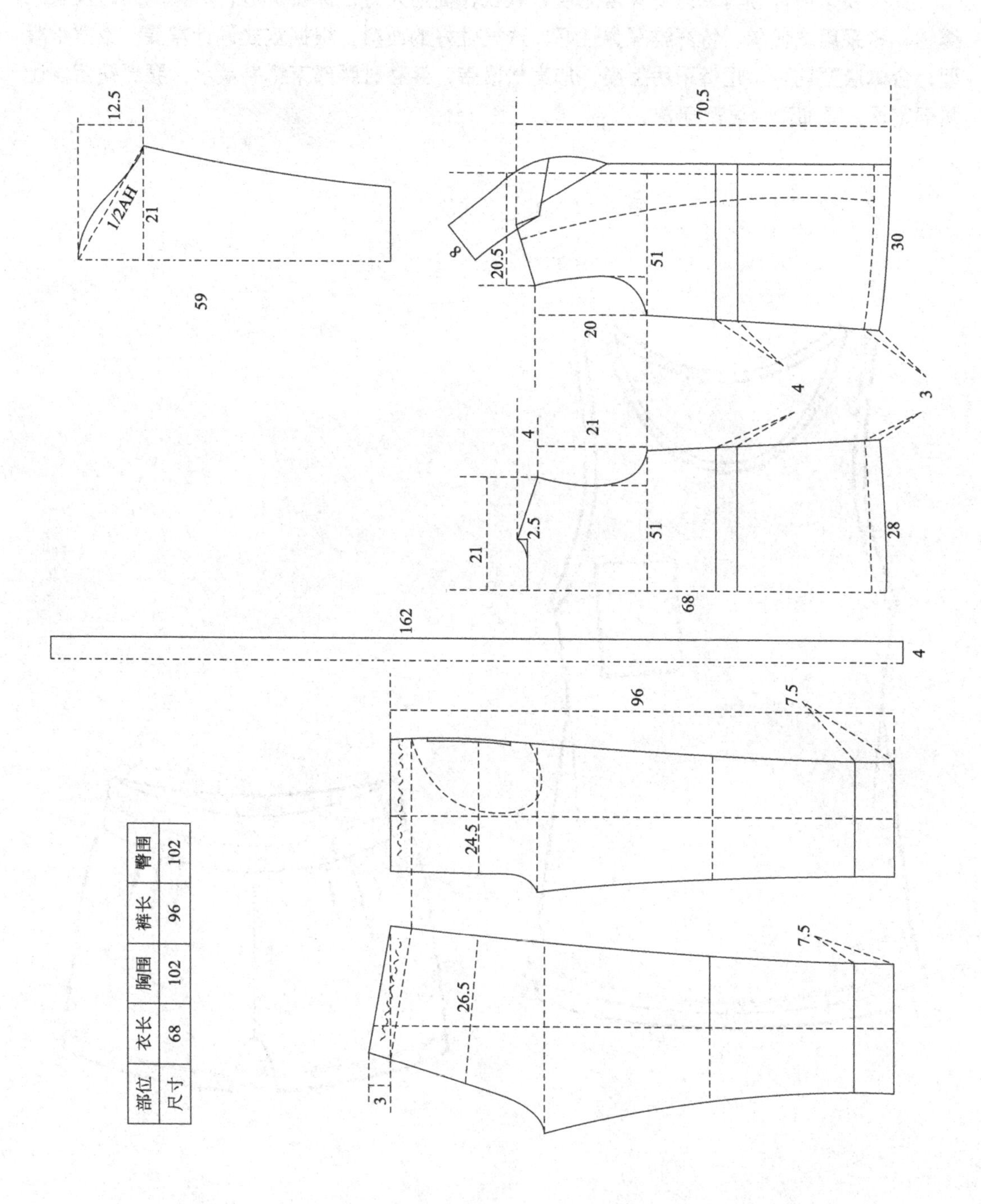

部位	衣长	胸围	裤长	臀围
尺寸	68	102	96	102

女式圆领无袖背心套装（夏款）

女圆领无袖背心套装是夏季常见居家款式，简洁大方，穿着舒适，凉爽的同时没有束缚感。多采用莫代尔、竹纤维等弹性好、透气性好的面料，根据款式设计需要，做宽松版型，合体版型均可。短裤采用上腰，加宽松紧带，穿着时腰部束缚感减小，腰部捏褶，让腿部宽松，更加适合居家穿着。

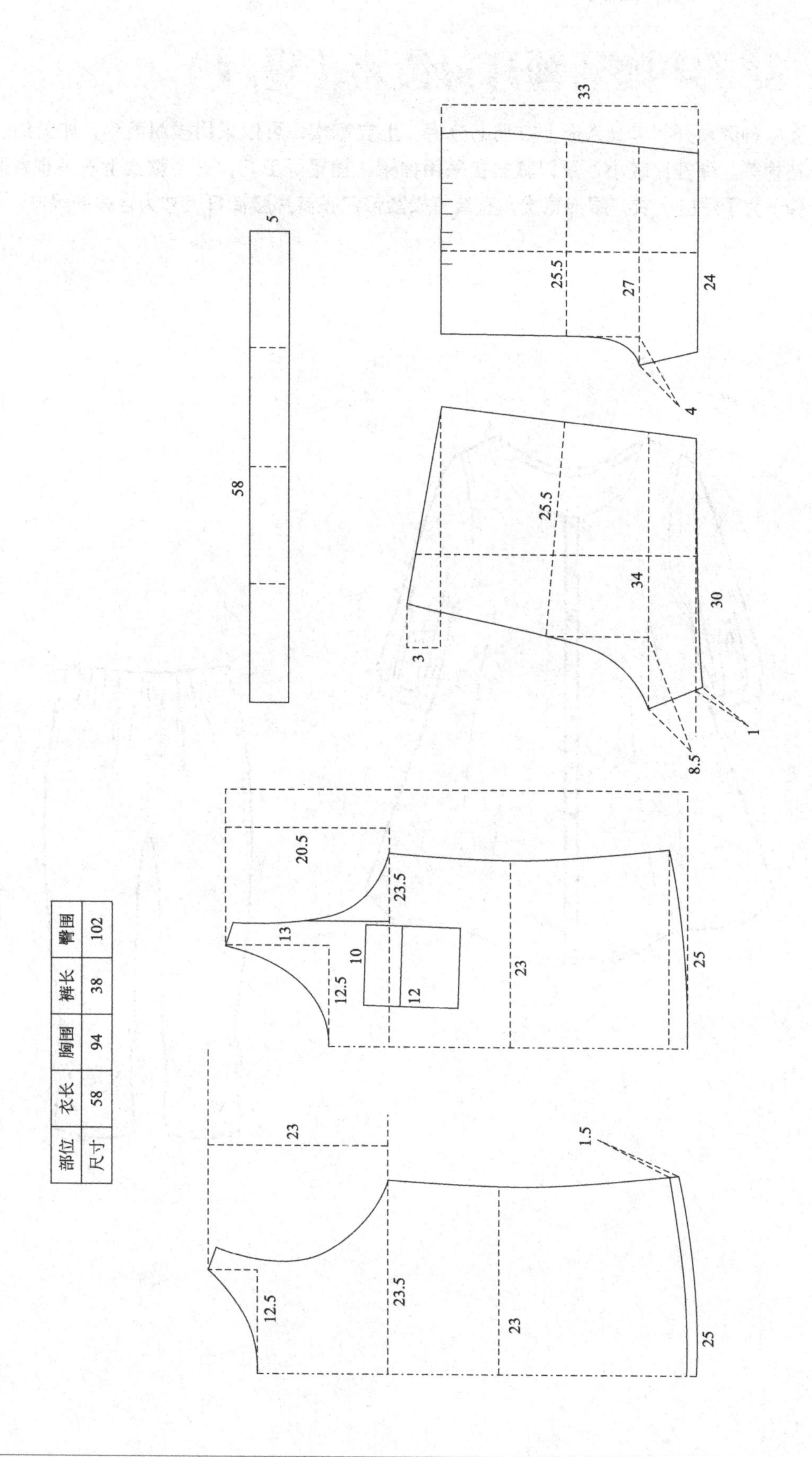

部位	衣长	胸围	裤长	臀围
尺寸	58	94	38	102

女式中袖圆领开衫套装（夏款）

女中袖圆领开衫套装A形上衣配七分裤，上衣宽松，可以采用梭织面料，如雪纺、真丝、粘棉等。弹性比较小，所以款式要采用抽褶、捏褶等工艺，这个款式上衣呈现A形廓形。裤子为了呼应上衣，腰部宽松，直接将松紧带包在裤片腰裤口尺寸为合体的尺寸。

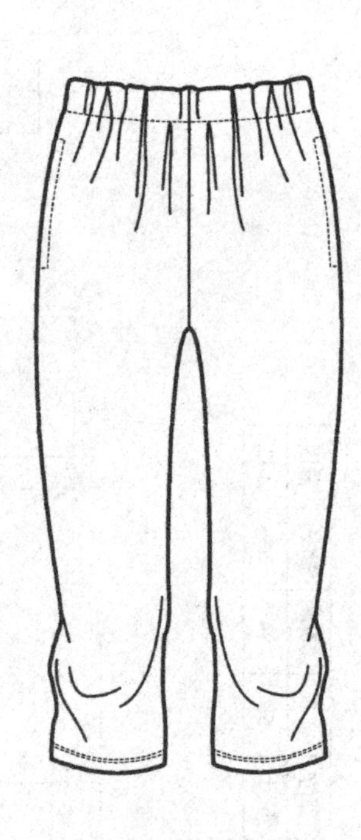

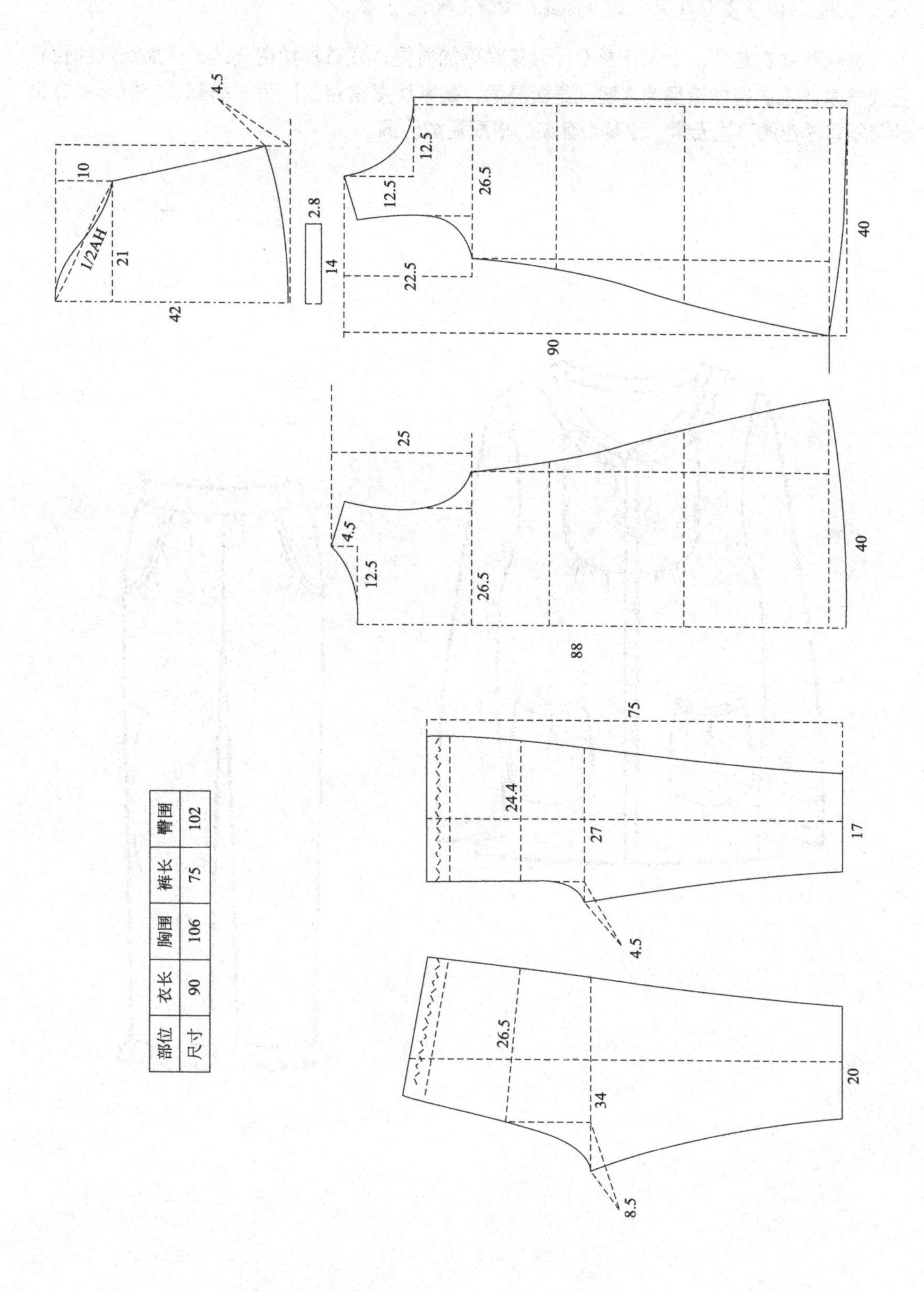

部位	衣长	胸围	裤长	臀围
尺寸	90	106	75	102

女式春秋家居服/睡衣套装

春秋款睡衣套装，上衣开衫设计，穿脱更加方便，领口加抽褶飞边，增加女性的性感可爱气息。上衣整体造型为A型，宽松舒适，是家居服常用的版型。搭配长筒裤，裤口设计与领口呼应的飞边元素，让整个套装的搭配更加协调。

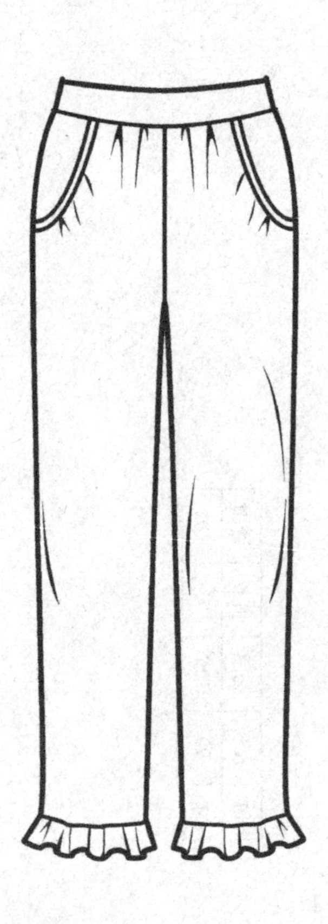

部位	衣长	腰围	胸围	肩宽
尺寸	68	104	102	41

部位	衣长	腰围	坐围
尺寸	96	68	102

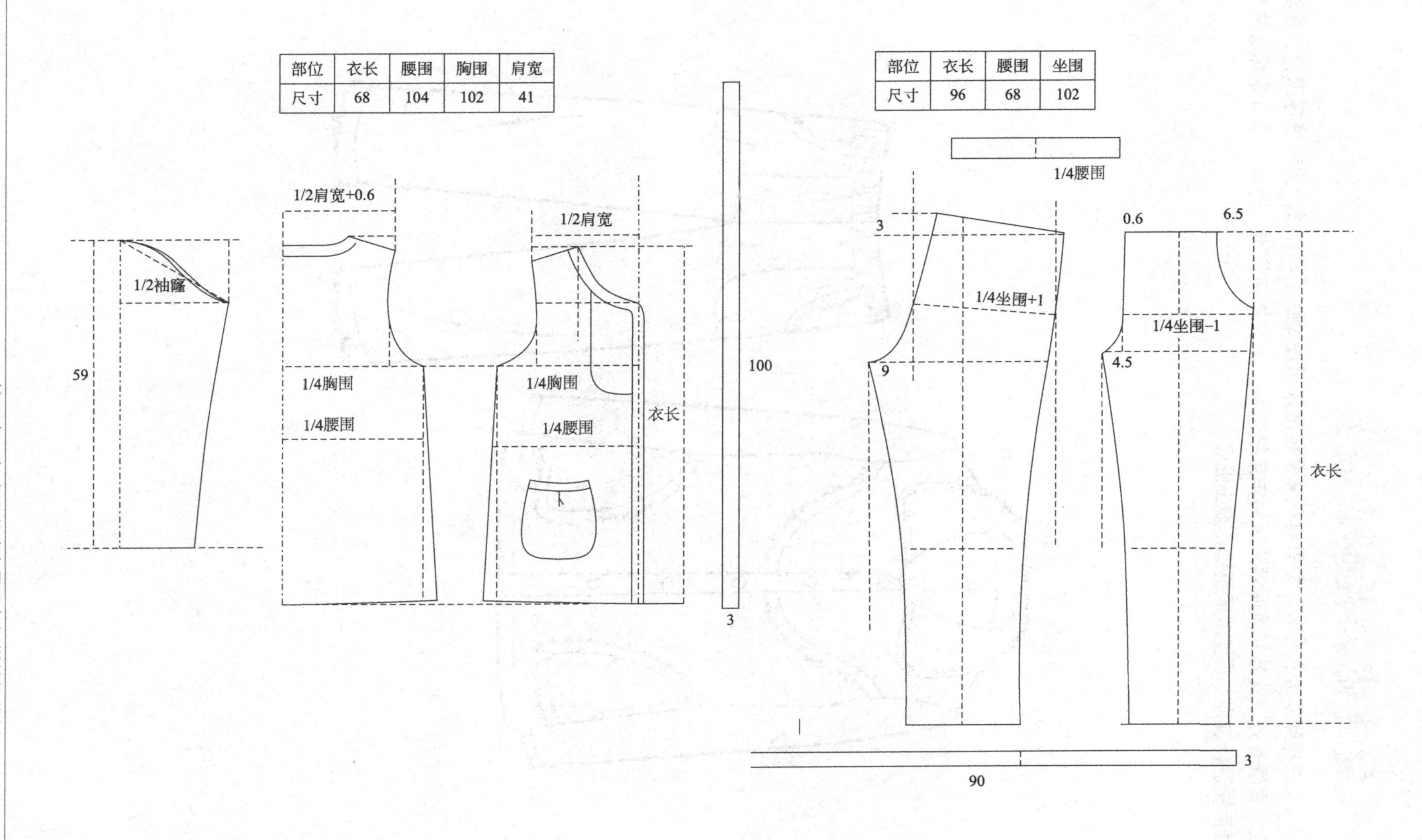

女式棉翻领睡衣套装

女夹棉翻领睡衣套装，冬季睡衣套装经常采用珊瑚绒、羊羔绒、摇粒绒等面料，保暖性、透气性好。此款家居服领片采用羊羔绒面料，上衣拼接位置、兜口、裤口等都用羊羔绒面料进行装饰，视觉效果更加凸显出温暖。

部位	衣长	腰围	胸围	肩宽
尺寸	68	104	102	41

部位	衣长	腰围	坐围
尺寸	96	68	102

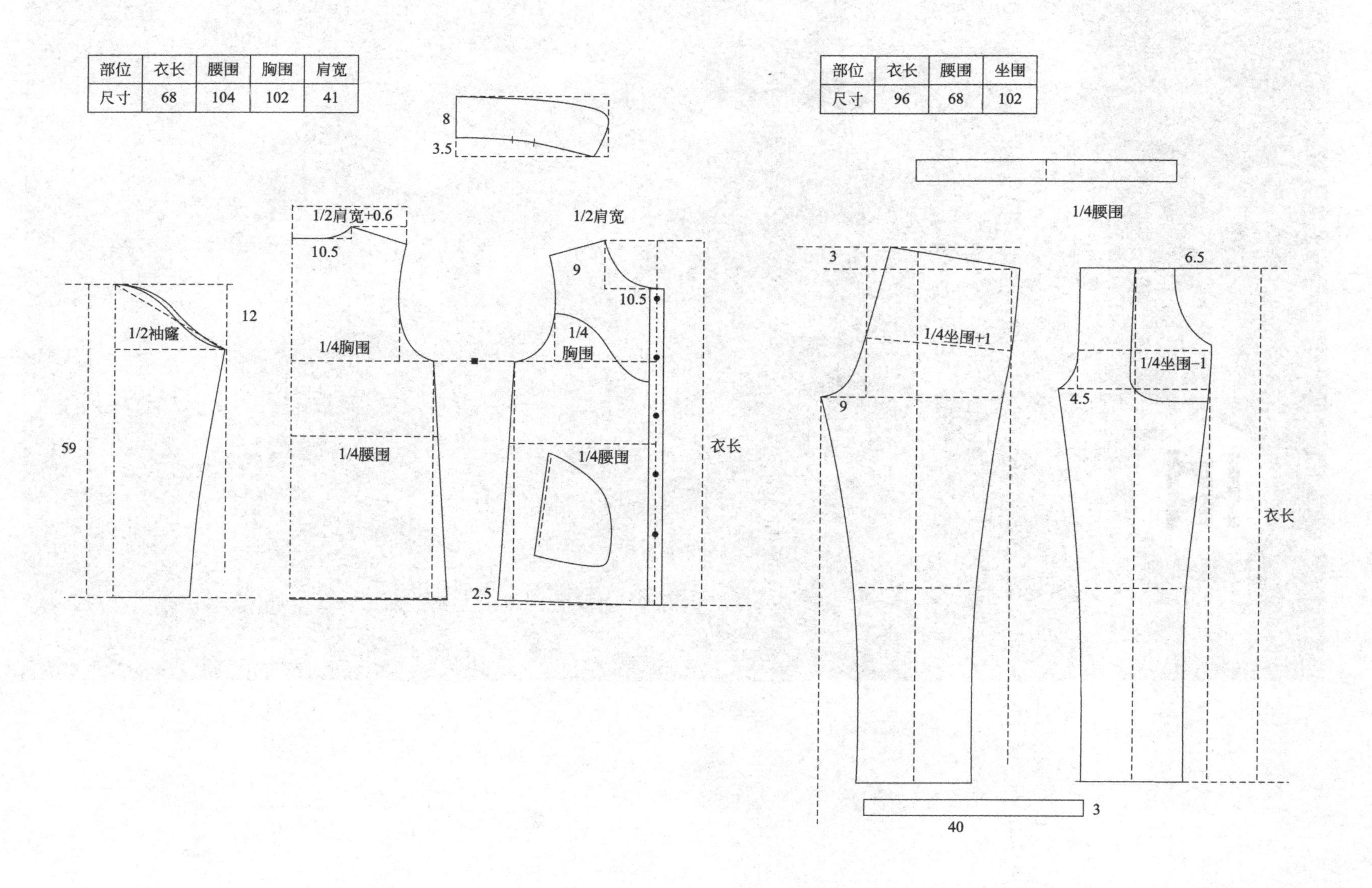

Chapter 5

第五章

男式内衣板样结构图例

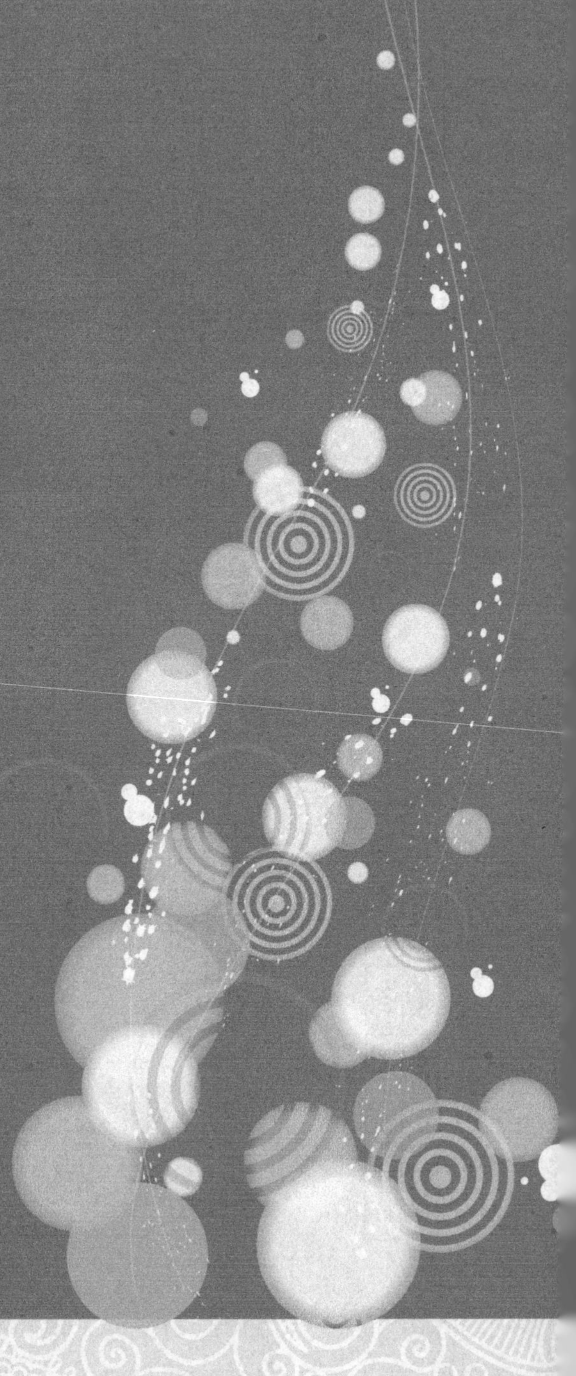

>> 男式平角裤

宽腰设计不紧勒，拉伸弹力持久，加档设计，增加立体空间，更加舒适。采用一些特殊材料，例如：抗菌、吸湿排汗等功能面料，效果更好。

部位	裤长	臀围	裆深
尺寸	27	84	28

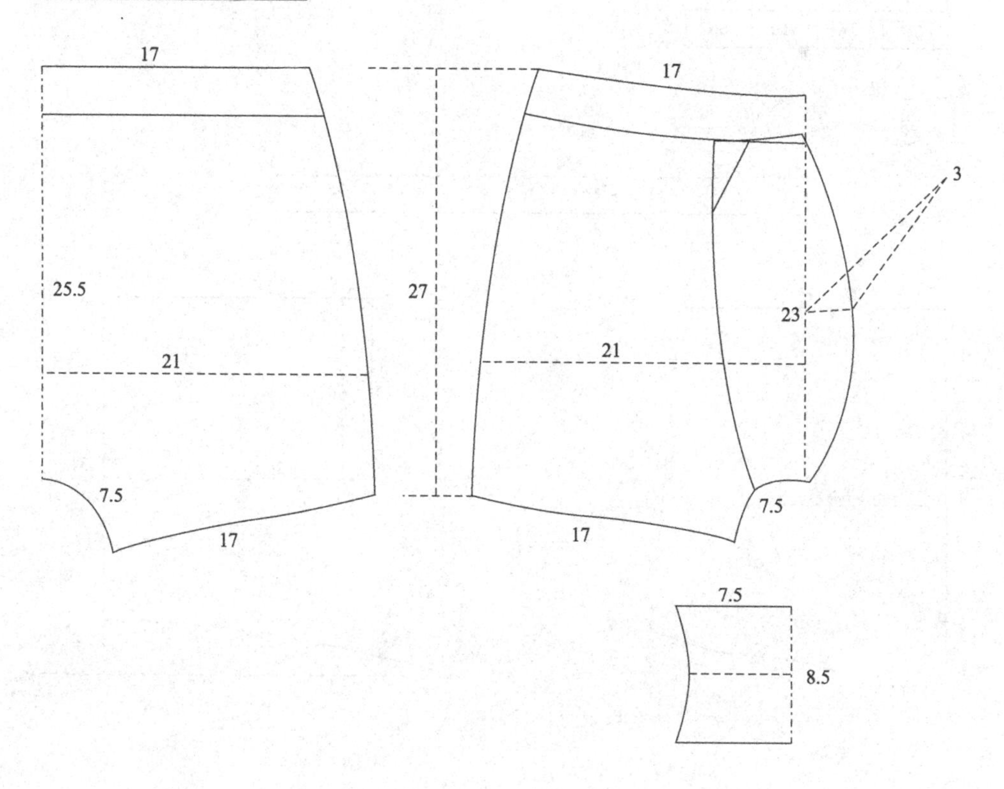

一片式男式平角裤

男平角裤（一片式），加宽腰头松紧带，减少束缚感。双扣开口设计，简单大气。一片式合理包臀设计，合理贴身，更加舒适。

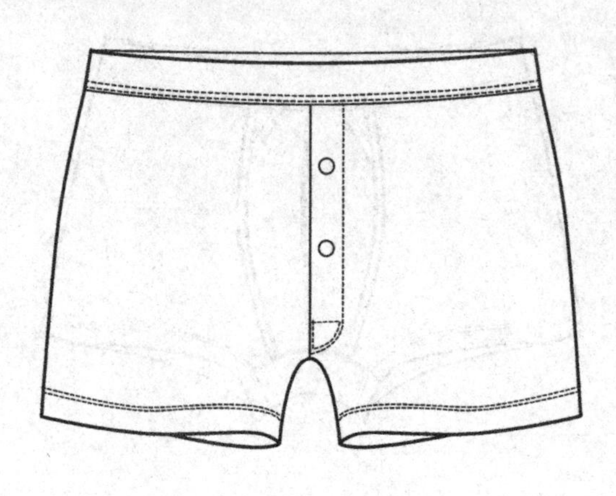

部位	裤长	臀围	腰围
尺寸	34	110	66

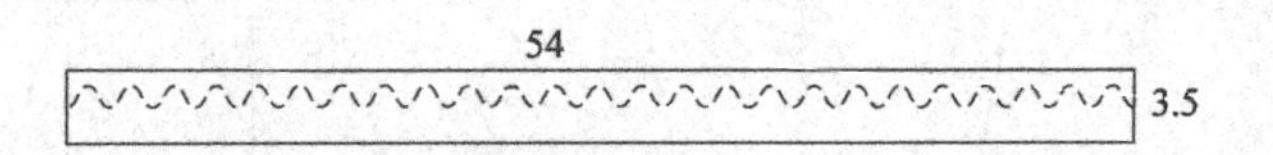

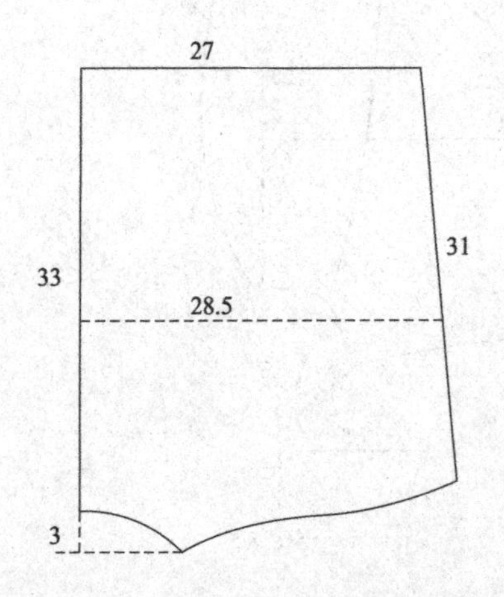

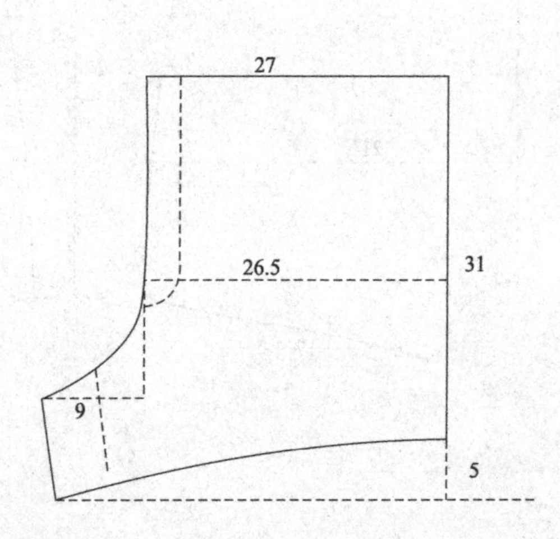

>> 男式三角裤

男三角内裤，后片为整片设计，活动时不摩擦，腰部采用本料包松紧带设计，贴肤更舒适，裆部立体空间设计，透气性好，干爽不闷热。

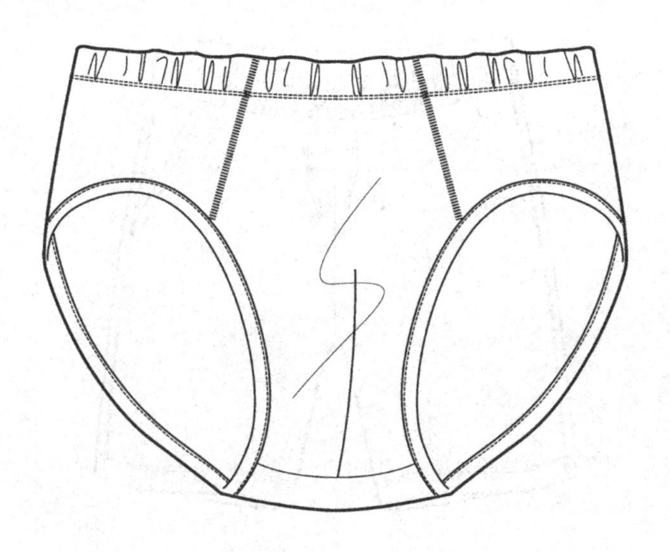

部位	腰围	臀围
尺寸	68	80

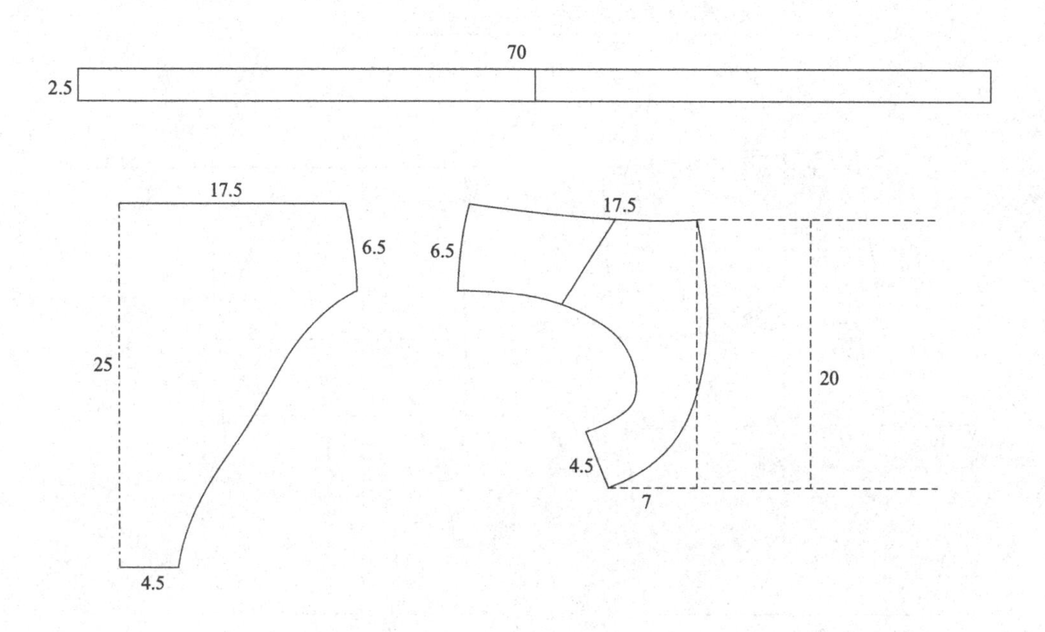

男式运动短裤

男运动短裤采用宽腰设计，腰部更加舒适，腰部加固定线，防止里面松紧带翻转，加穿绳，可以根据自身的腰围调节大小。合理的裤长尺寸，让运动的时候更加的自由不受拘束。采用合理的面料，是非常关键的，面料要具有吸湿、排汗、弹性好等功能。

部位	裤长	臀围
尺寸	50	108

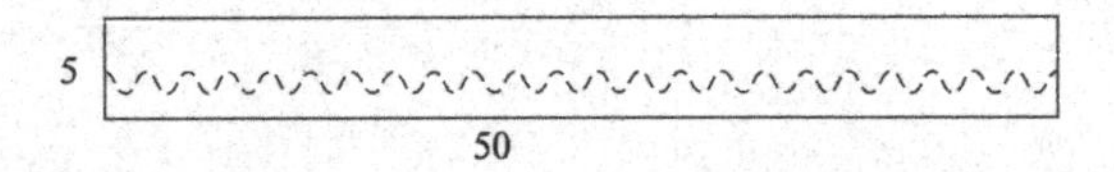

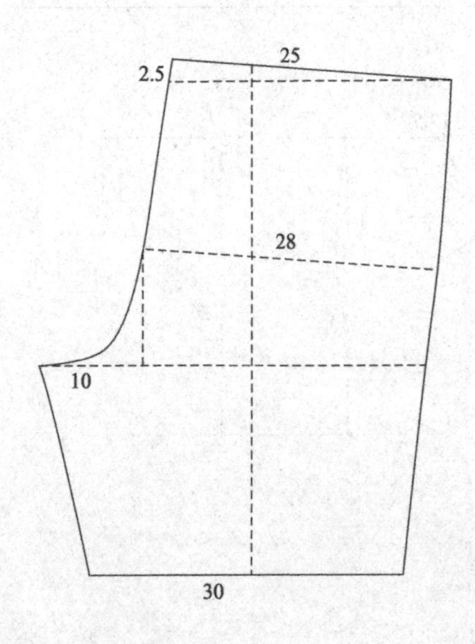

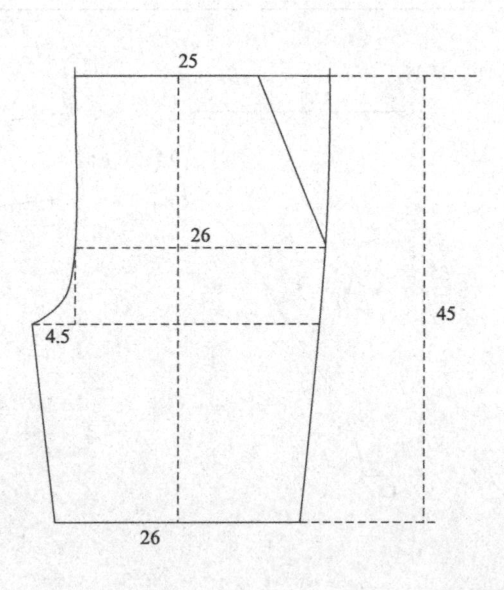

男式保暖裤

男保暖裤采用一些特殊功能的材料，例如：自发热面料、里面加绒等材料。裆部合理版型，加档的设计，使穿着更加的自由舒适。膝盖处双层设计，Z型加固线，裤口高弹橡皮筋缝合，弹性更好。

部位	腰围	臀围	裆深	长度
尺寸	68	80	30	96

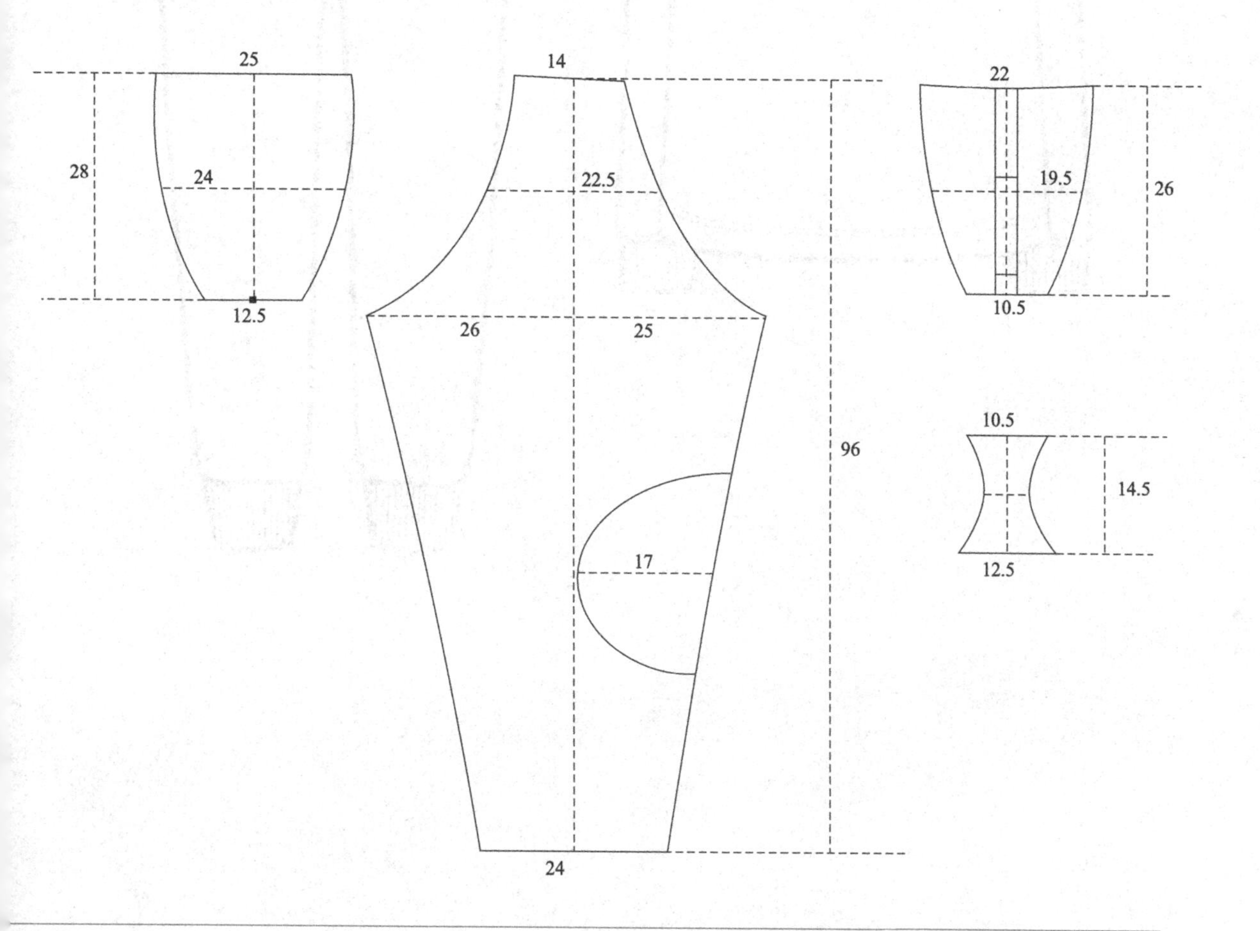

>> 男式秋衣秋裤

秋衣秋裤是指秋冬季节穿的一种长袖舒适贴身的服装，一般穿在外衣或者毛衣等的里面。一般为全棉、人棉、化纤、拉架等。

部位	胸围	臀围	肩宽	长度
尺寸	100	100	46	68

部位	腰围	臀围	裆深	长度
尺寸	68	98	30	100

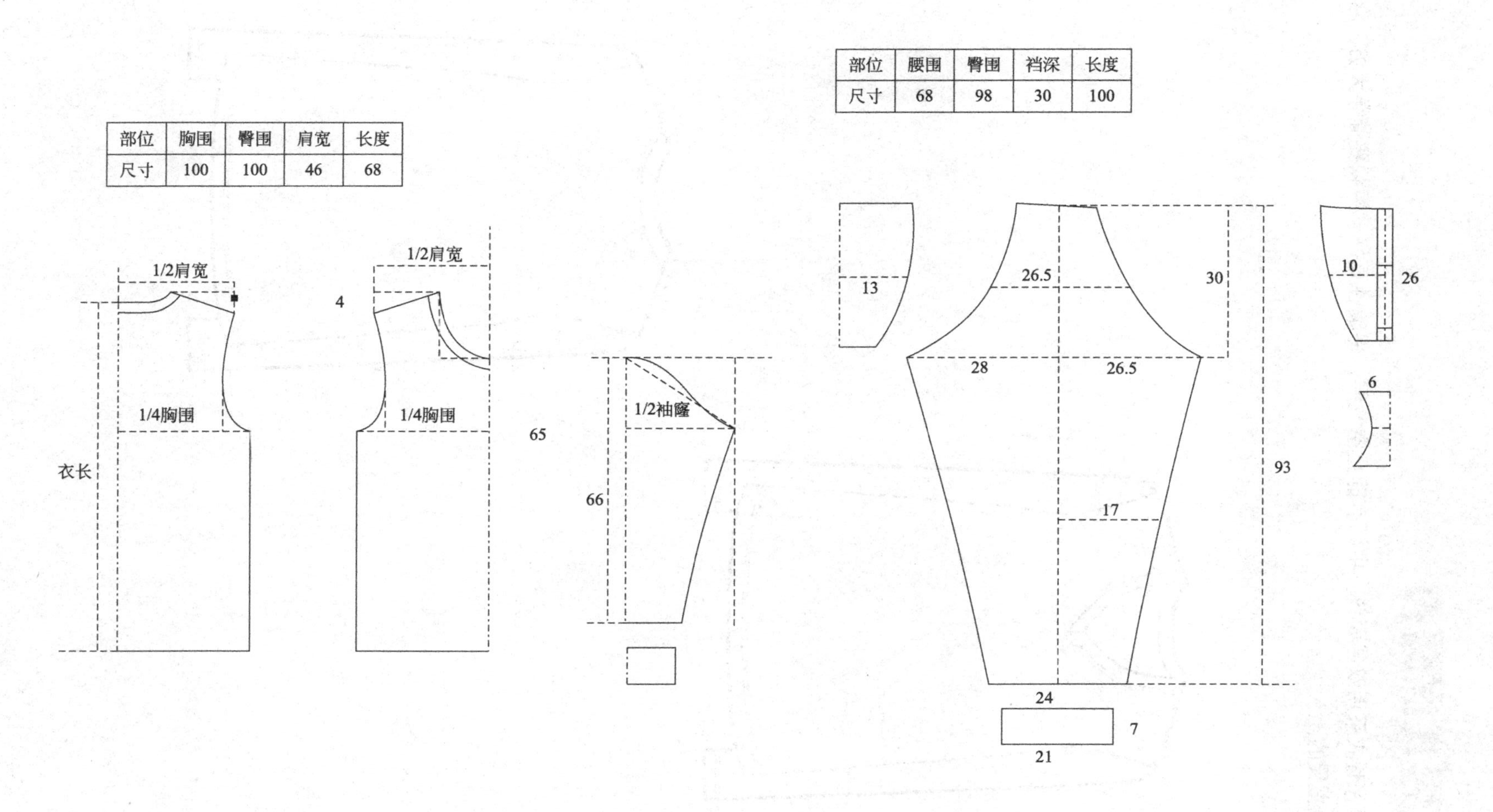

男式保暖衣

男保暖衣采用双层面料，中间有静止空气层，保暖性更好。男款要简单大方，合理版型是最重要的。

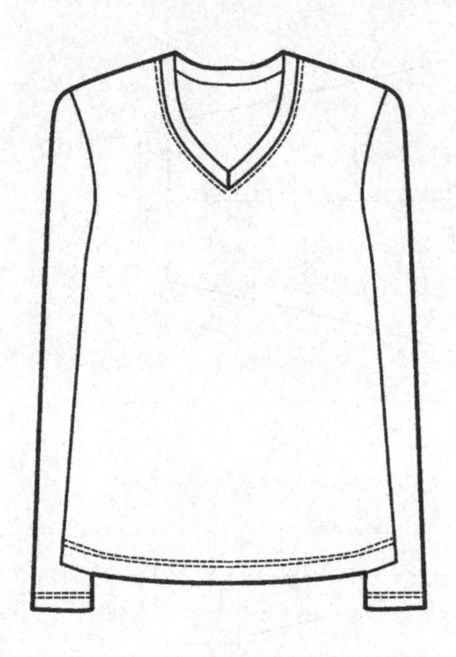

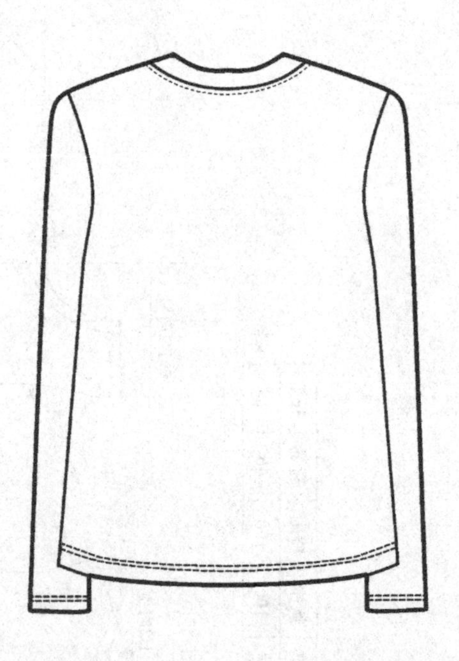

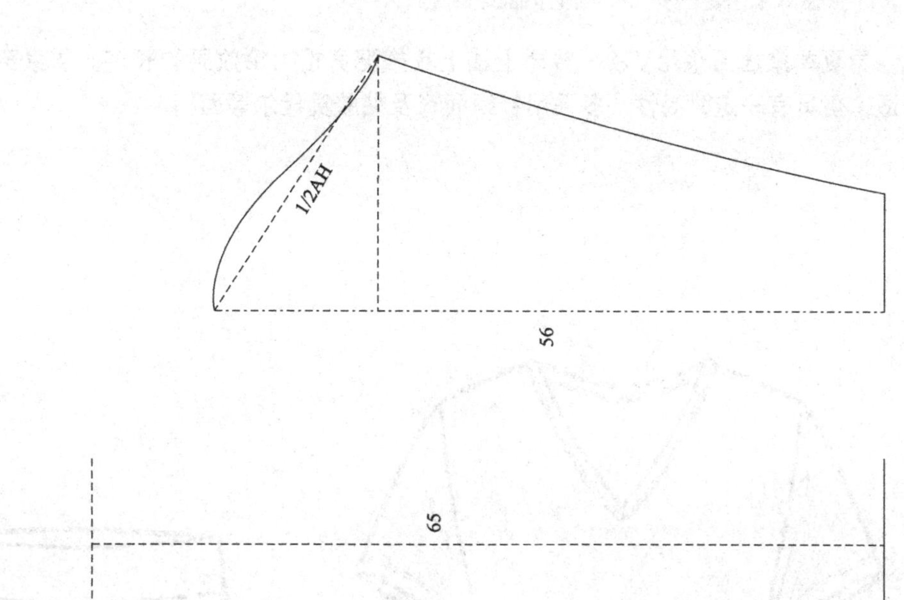

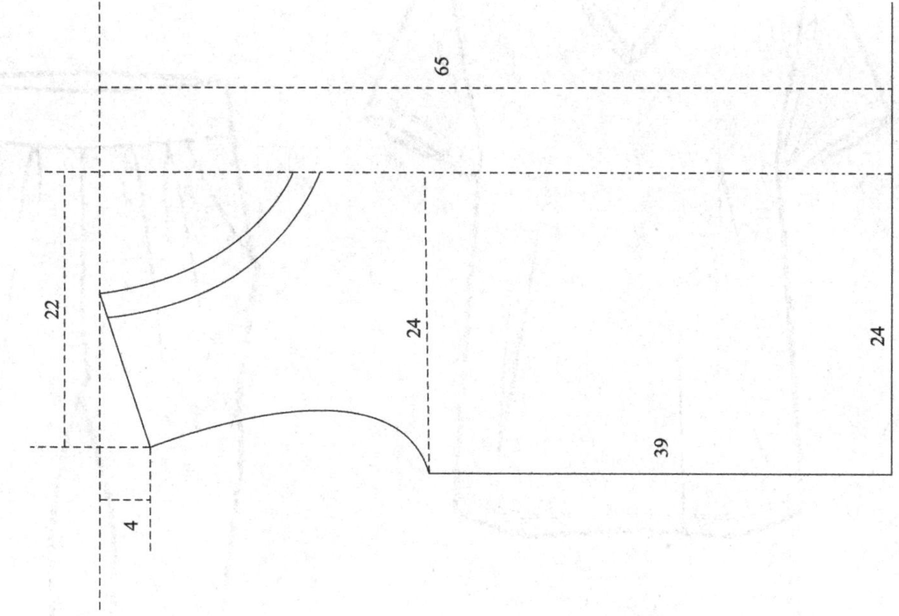

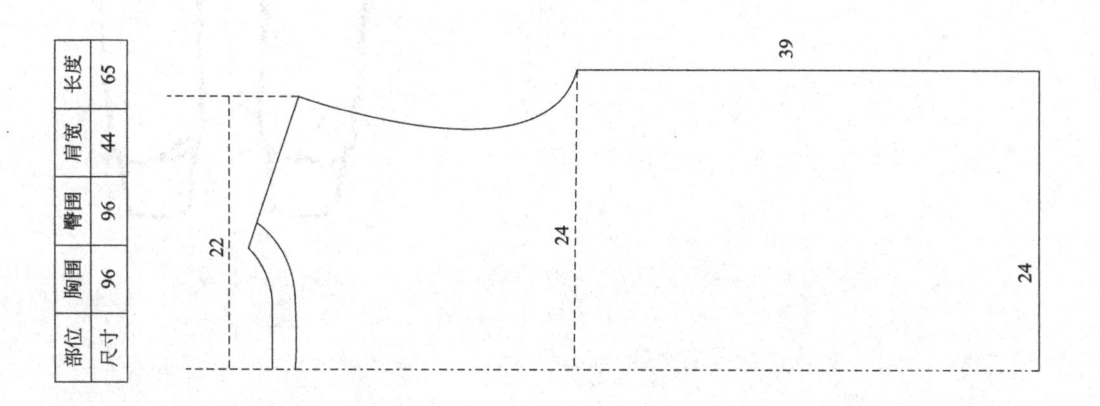

部位	胸围	臀围	肩宽	长度
尺寸	96	96	44	65

男式夏季家居服套装

男夏季家居服采用V领、普通上袖上衣搭配宽松哈伦效果的长裤。居家穿着非常宽松舒适，更具有一定时尚性。多采用针织面料及黏胶莫代尔等面料。

部位	衣长	腰围	胸围	肩宽
尺寸	69	96	100	44

部位	衣长	腰围	坐围
尺寸	104	80	110

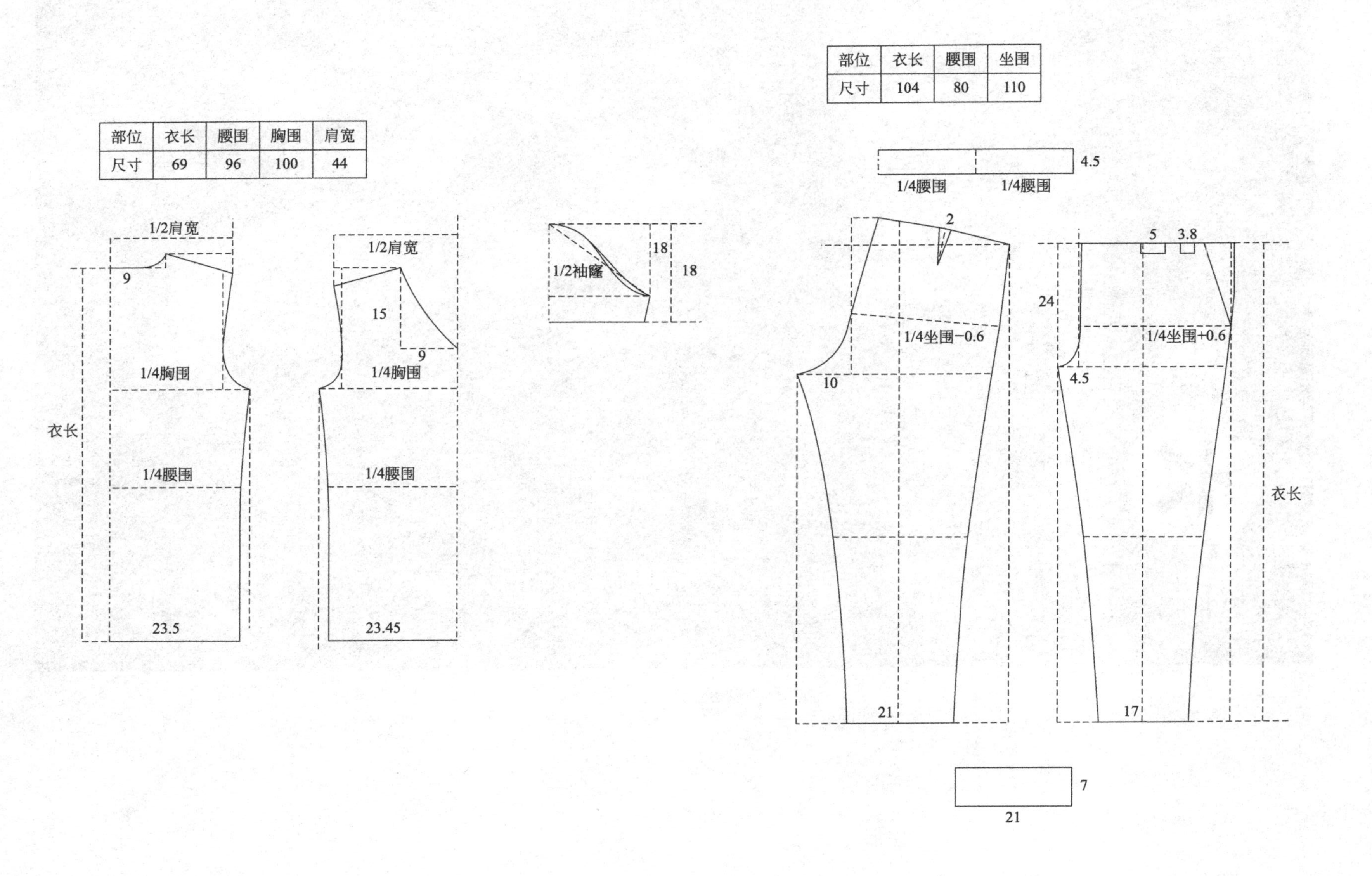

Chapter 6

第六章

男式睡衣（家居服）板样结构图例

>> 男式长袖翻领套装（春秋款）

男长袖翻领套装，是常规款式，针织、梭织面料均可用，长袖翻领上衣配直筒裤，直筒裤为上腰。宽松版型，穿着舒适，无束缚感。

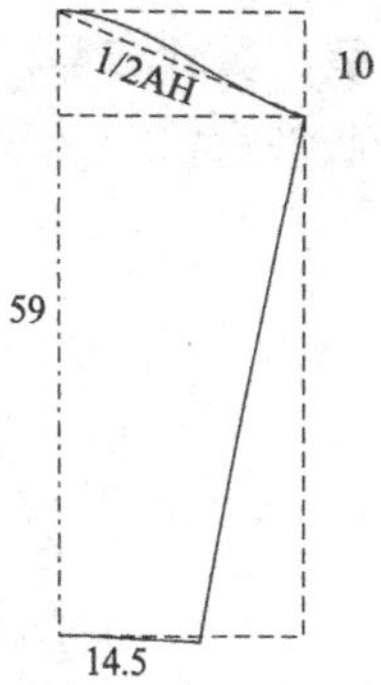

部位	衣长	胸围	裤长	臀围
尺寸	73	114	105	116

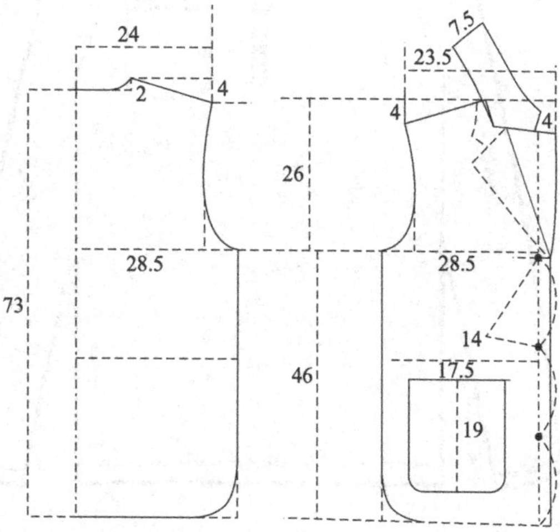

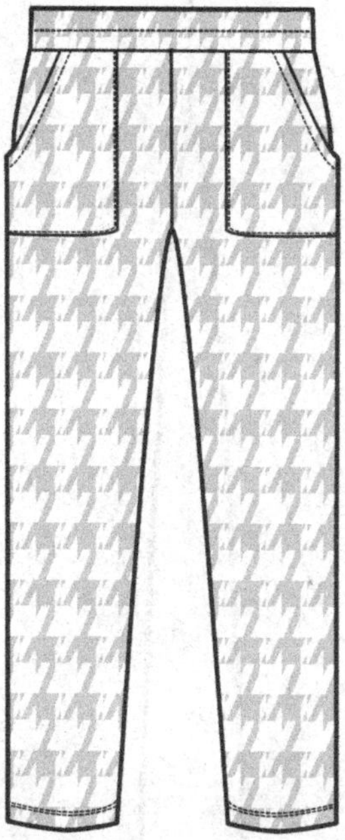

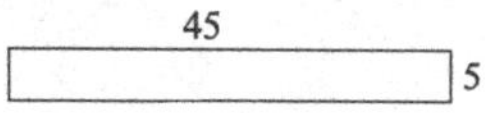

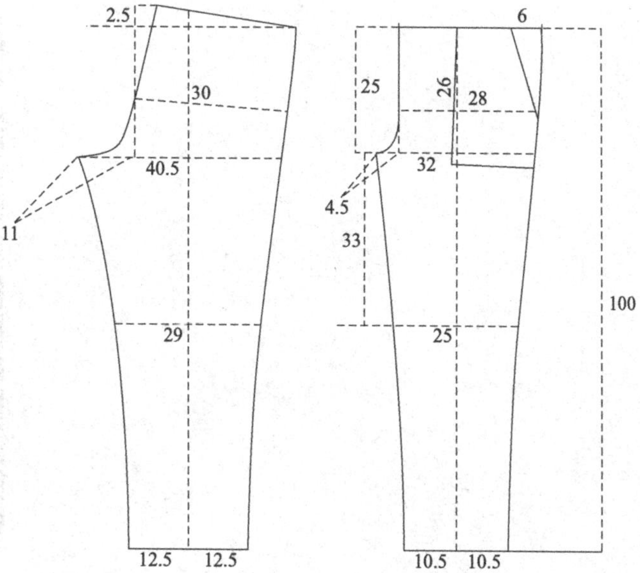

男式长袖套头衫（春秋款）

男长袖长裤套头套装，上衣V领，开前门。配直筒裤，不上腰。采用针织面料，如棉氨、莫代尔等，手感柔软舒适，弹性好，透气性好。穿着无束缚感，上衣版型修身，裤子版型宽松。

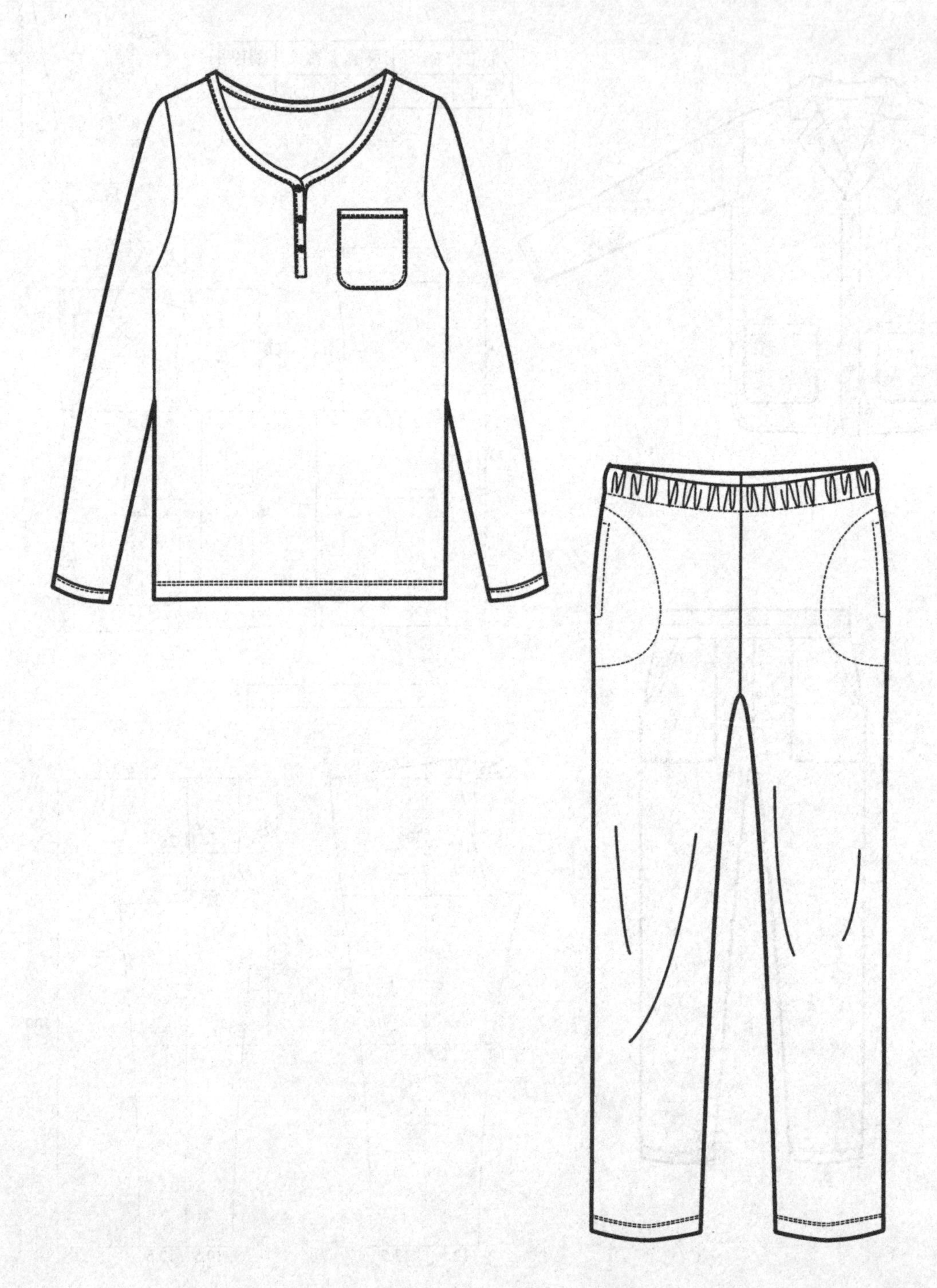

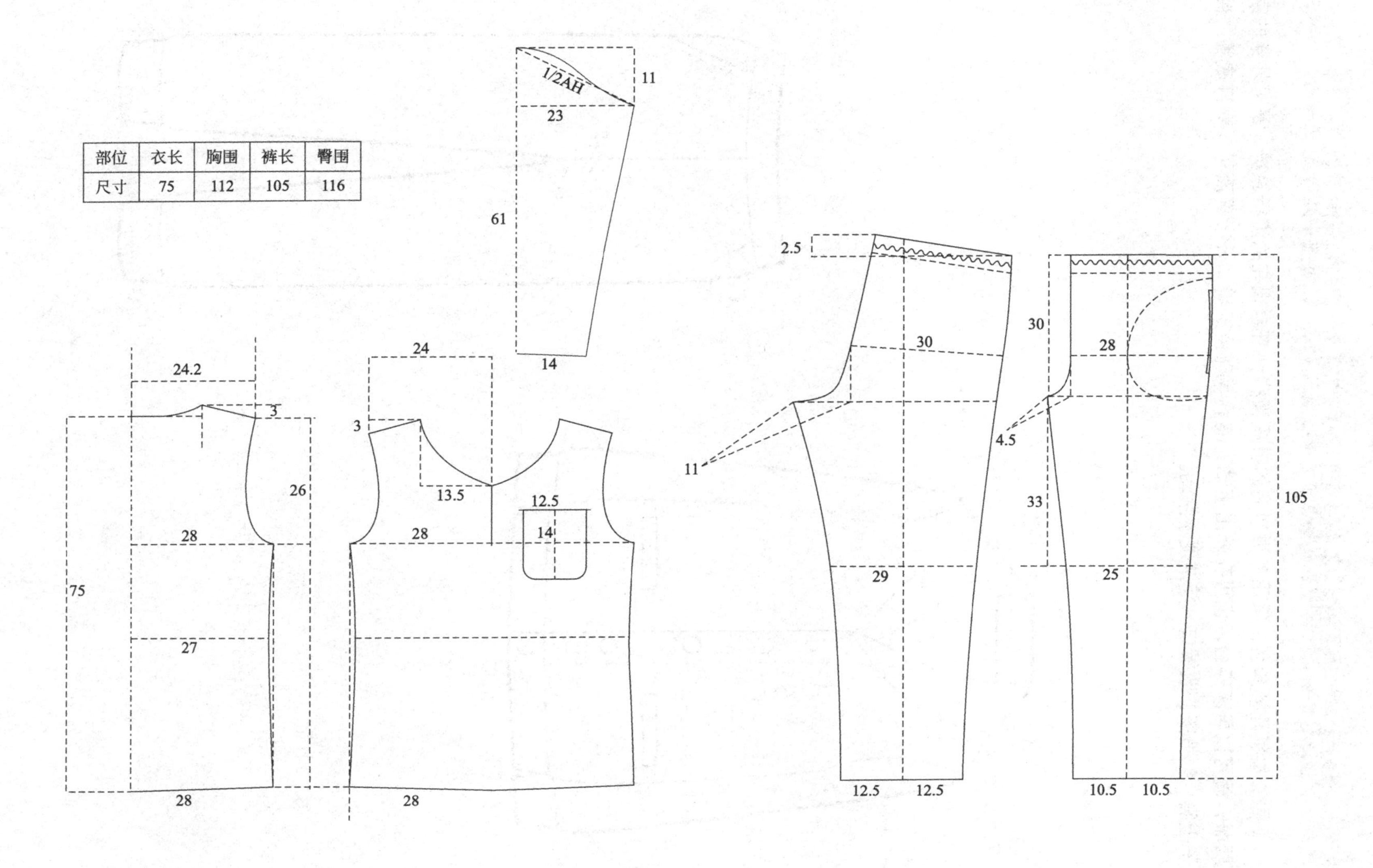

部位	衣长	胸围	裤长	臀围
尺寸	75	112	105	116

男式青果领针织开衫套装（春秋款）

男青果领开衫套装，采用克重较高的针织面料，符合现在的流行趋势。是可外穿的家居服，既可以居家穿着，也可在外出运动、遛狗等时候穿着。开衫里面可以穿打底等。裤子上腰，斜插兜，收裤口，简洁便于活动。

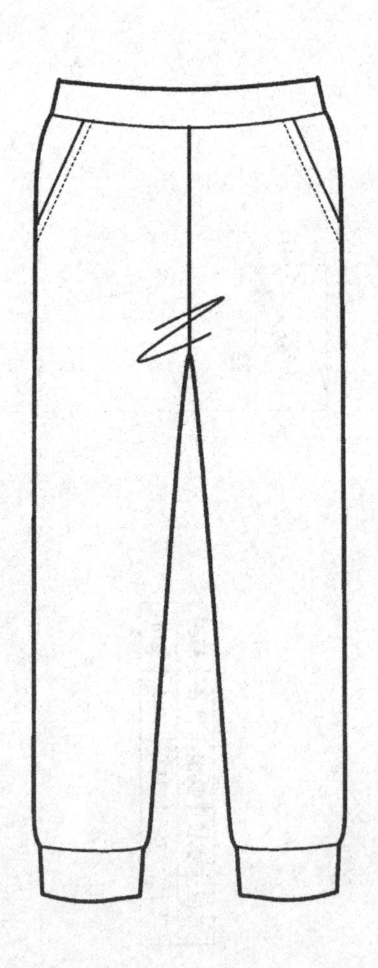

部位	衣长	胸围	裤长	臀围
尺寸	78	114	105	112

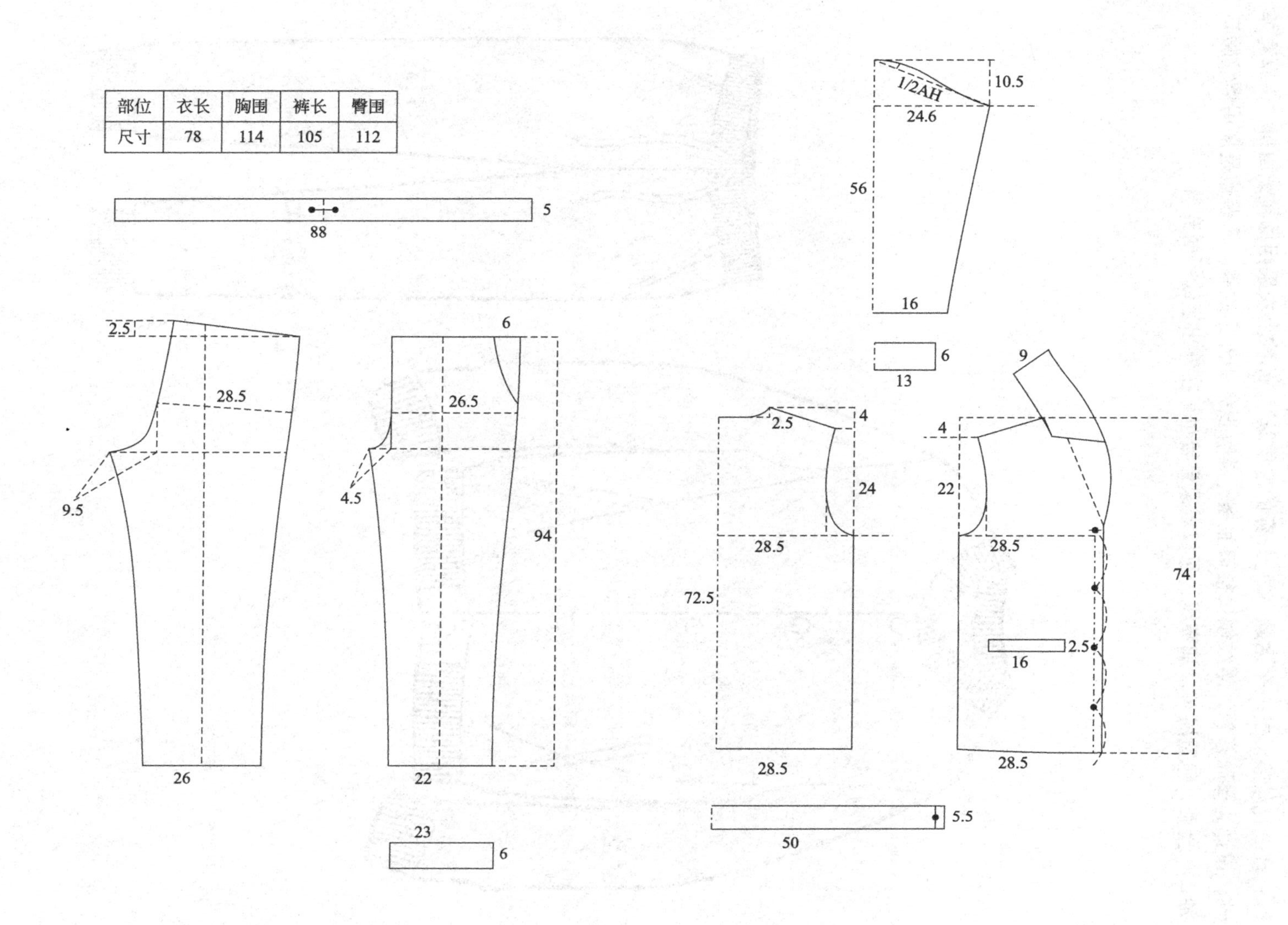

男式摇粒绒开衫套装（春秋款）

现在比较热门的一个话题："可外穿的家居服"，此款上衣采用摇粒绒面料，中厚有弹性，设计为棒球衫领，螺纹领口袖口底摆，具有很强的外穿效果。夏装也是采用螺纹腰口袖口，上腰，包宽腰带，加穿绳，可以居家穿着也可在外出运动等时穿着。

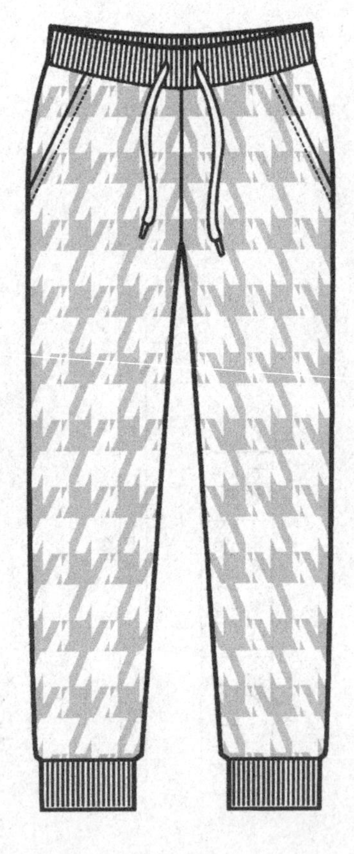

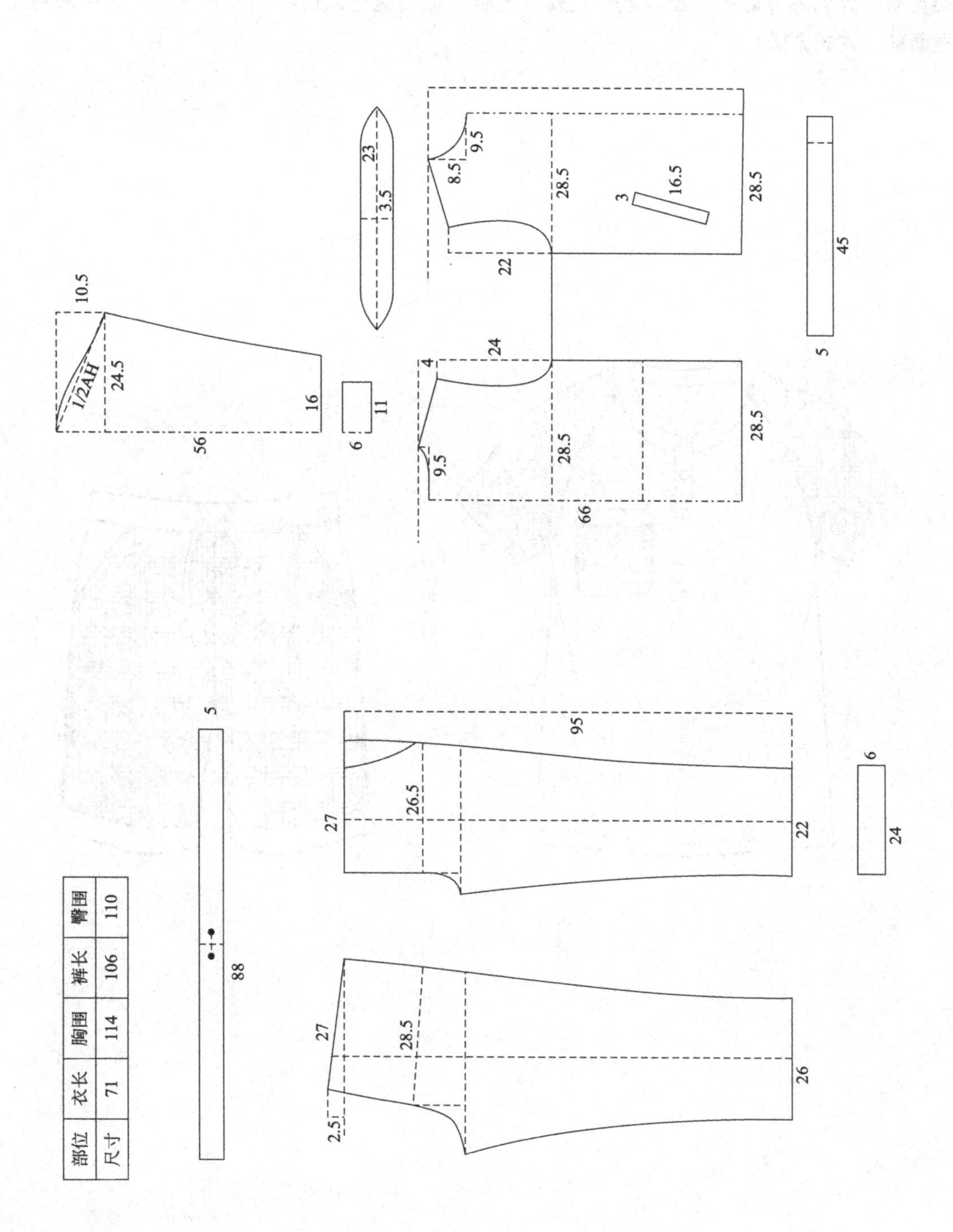

部位	衣长	胸围	裤长	臀围
尺寸	71	114	106	110

男插肩袖睡衣套，插肩袖具有很好的休闲感觉，可以采用袖子与大身撞色的设计，更加具有一定的外穿效果。配以五分短裤，上腰，加腰绳可以自由调节腰部尺寸。可采用纯棉面料，款式宽松。

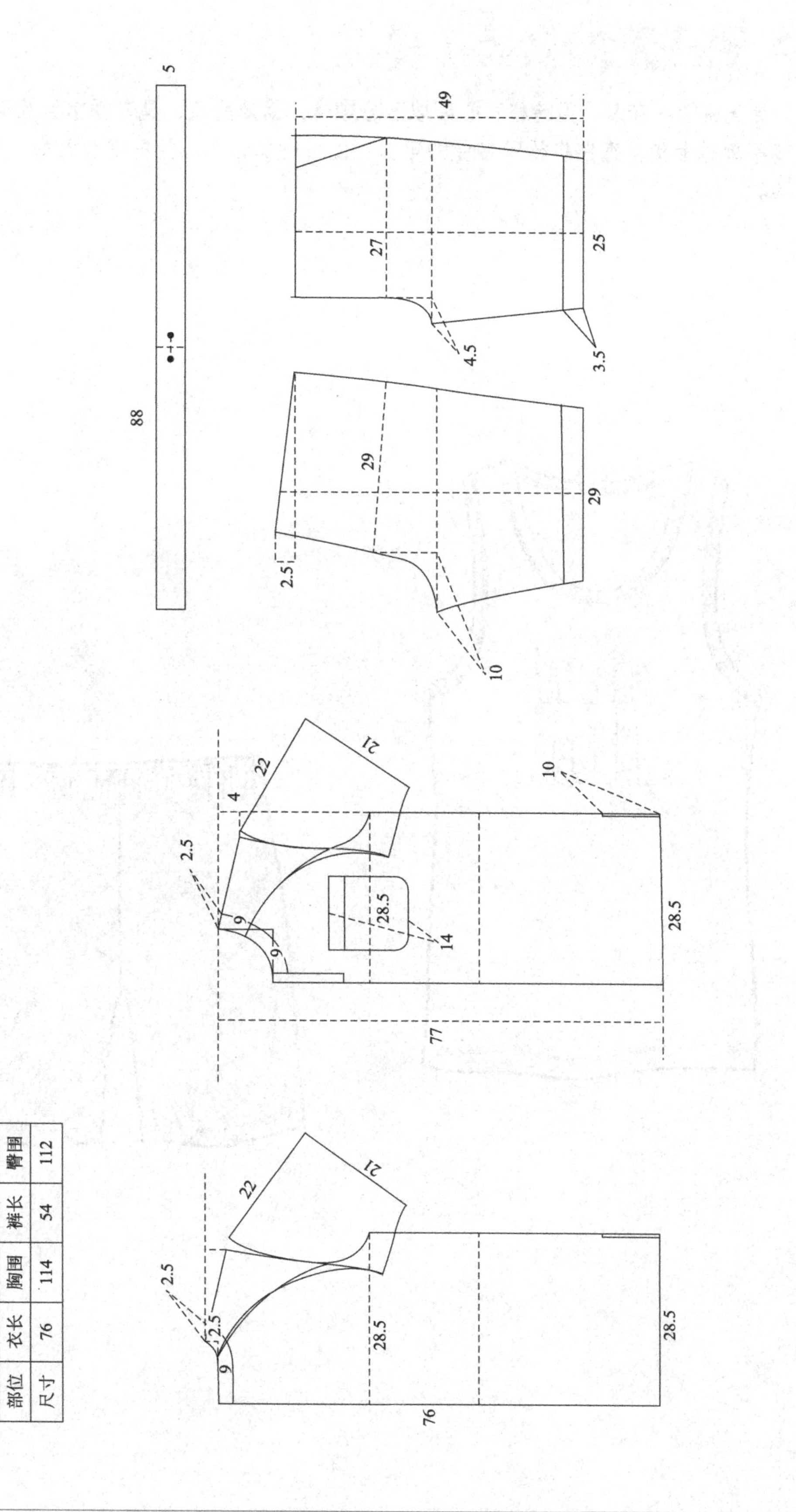

部位	衣长	胸围	裤长	臀围
尺寸	76	114	54	112

男式无袖套装（夏款）

男无袖睡衣套装，男跨栏背心配以五分短裤，简洁舒适，是夏季常见的男式家居服。短裤不单独上腰，直接将松紧带住即可。可以采用莫代尔、棉氨等弹性好、透气性好的面料。

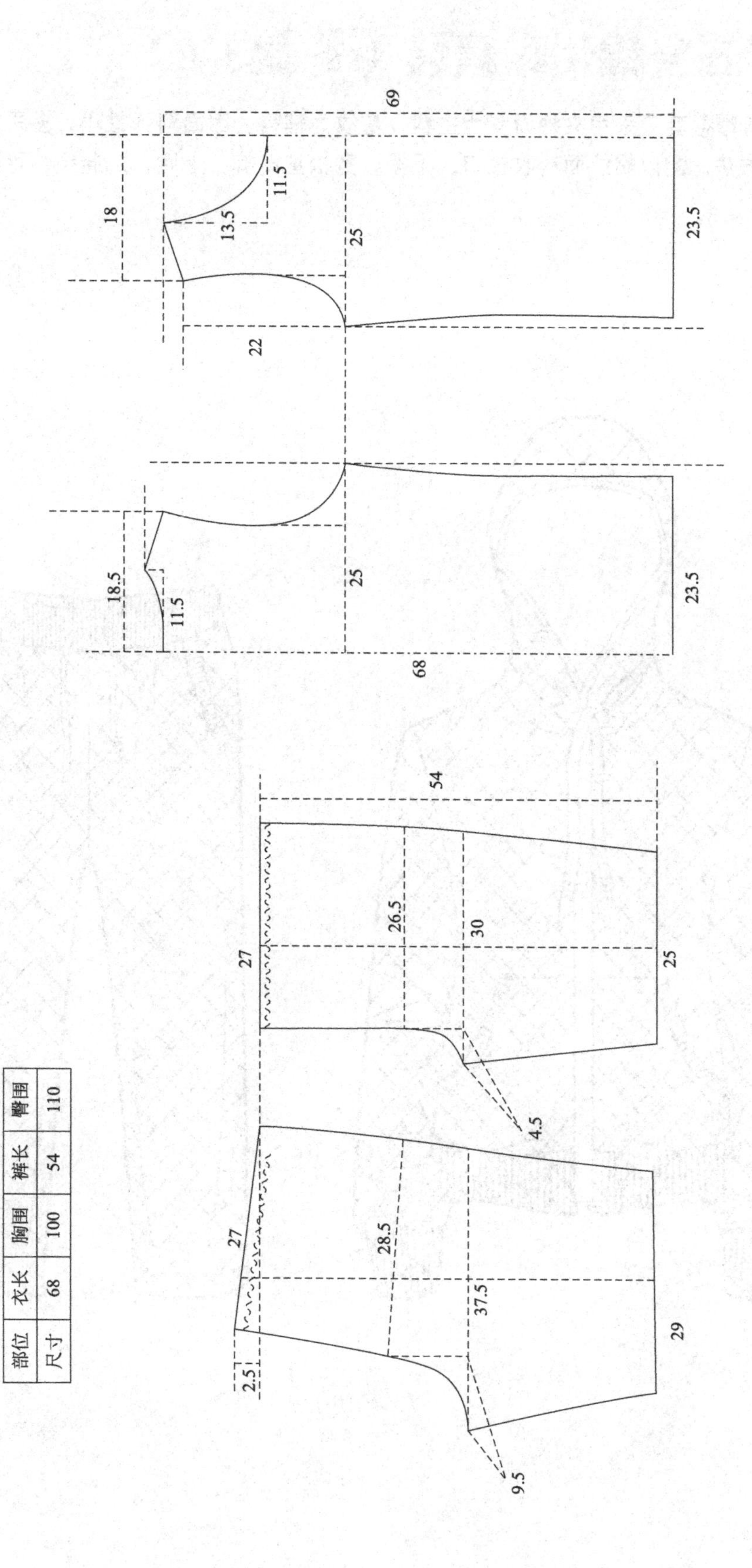

部位	衣长	胸围	裤长	臀围
尺寸	68	100	54	110

男式夹棉带帽套装（冬款）

男夹棉帽衫套装采用夹棉面料为主料，螺纹为辅料。因面料弹性小，多采用开衫、拉链等设计方法，配以螺纹面料收袖口、下摆。宽松直筒裤，上腰，加腰绳，可以自由控制腰围尺寸。

部位	衣长	胸围	裤长	臀围
尺寸	69	114	105	112

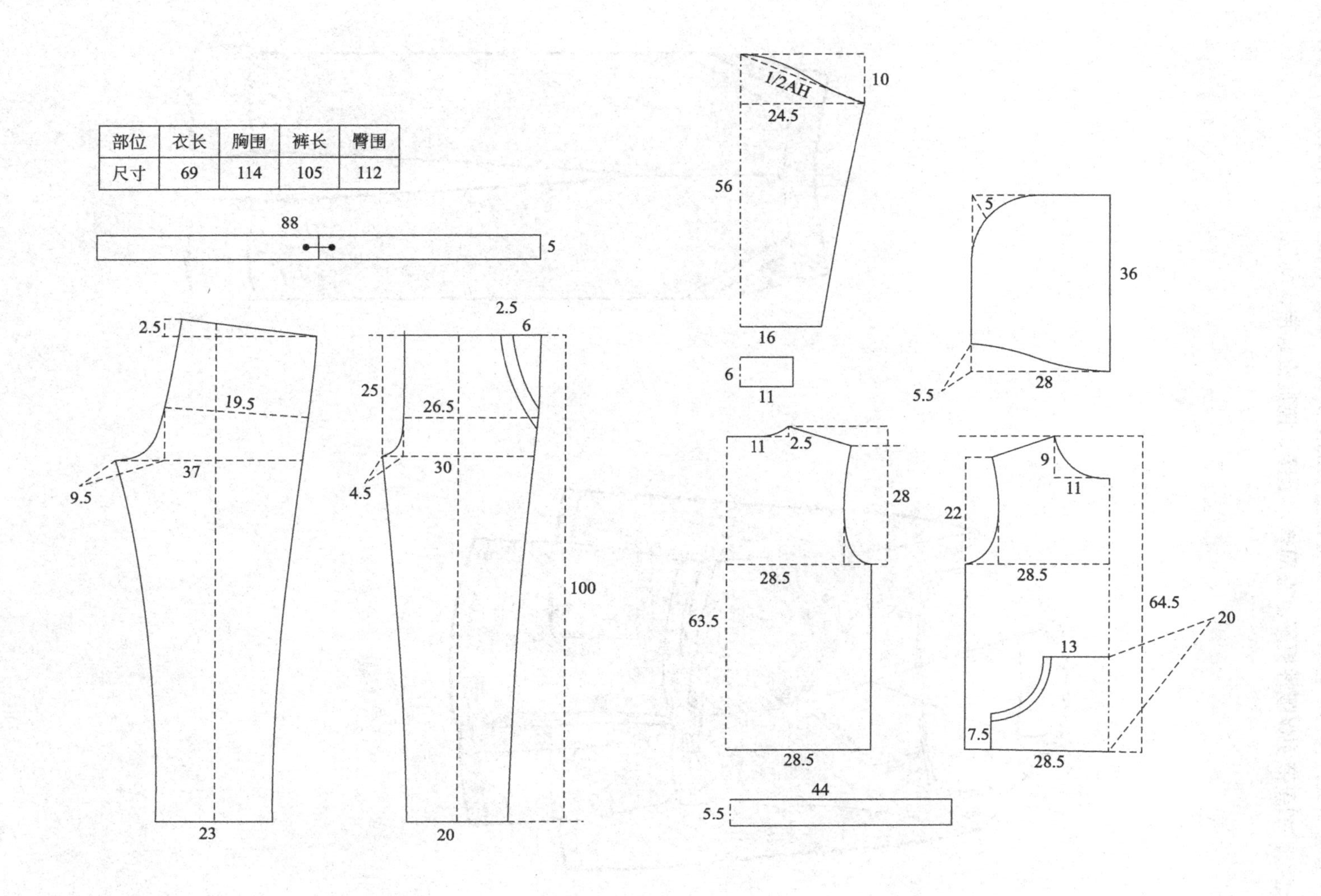

男式珊瑚绒夹棉套装（冬款）

男珊瑚绒夹棉睡衣套装采用中长款上衣配直筒裤。厚面料保暖性好，无弹，所以版型应宽松，加腰带使保暖性更好。直筒裤，上腰，包宽松紧带，斜插兜。

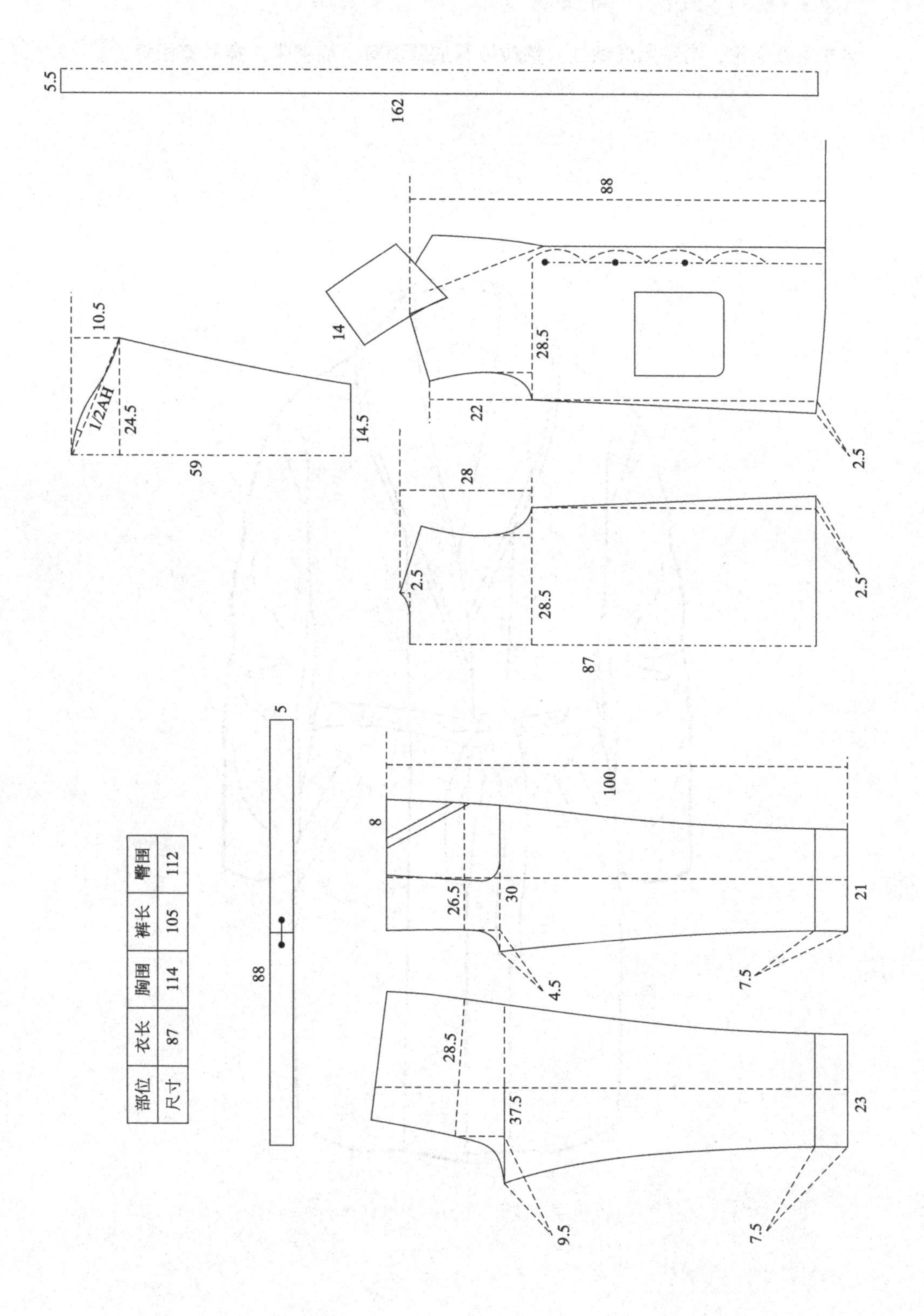

部位	衣长	胸围	裤长	臀围
尺寸	87	114	105	112

男青果领浴袍，常采用珊瑚绒、摇粒绒等加厚面料，加腰带，穿着宽松舒适。

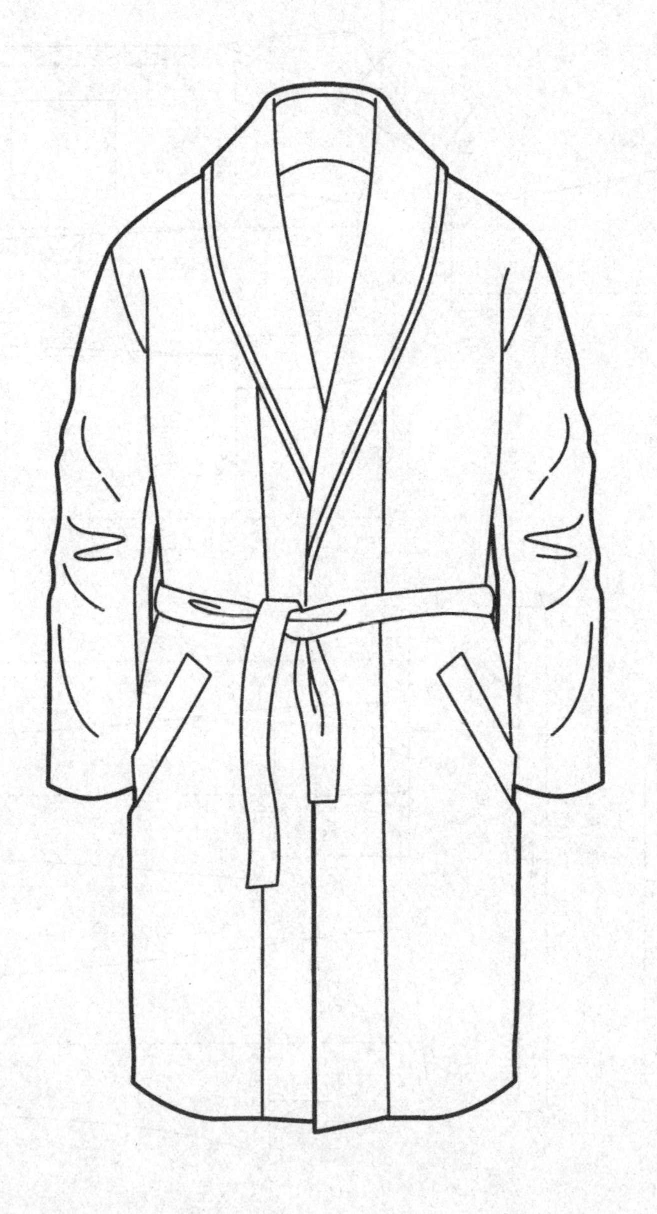

部位	衣长	胸围	臀围
尺寸	120	130	130

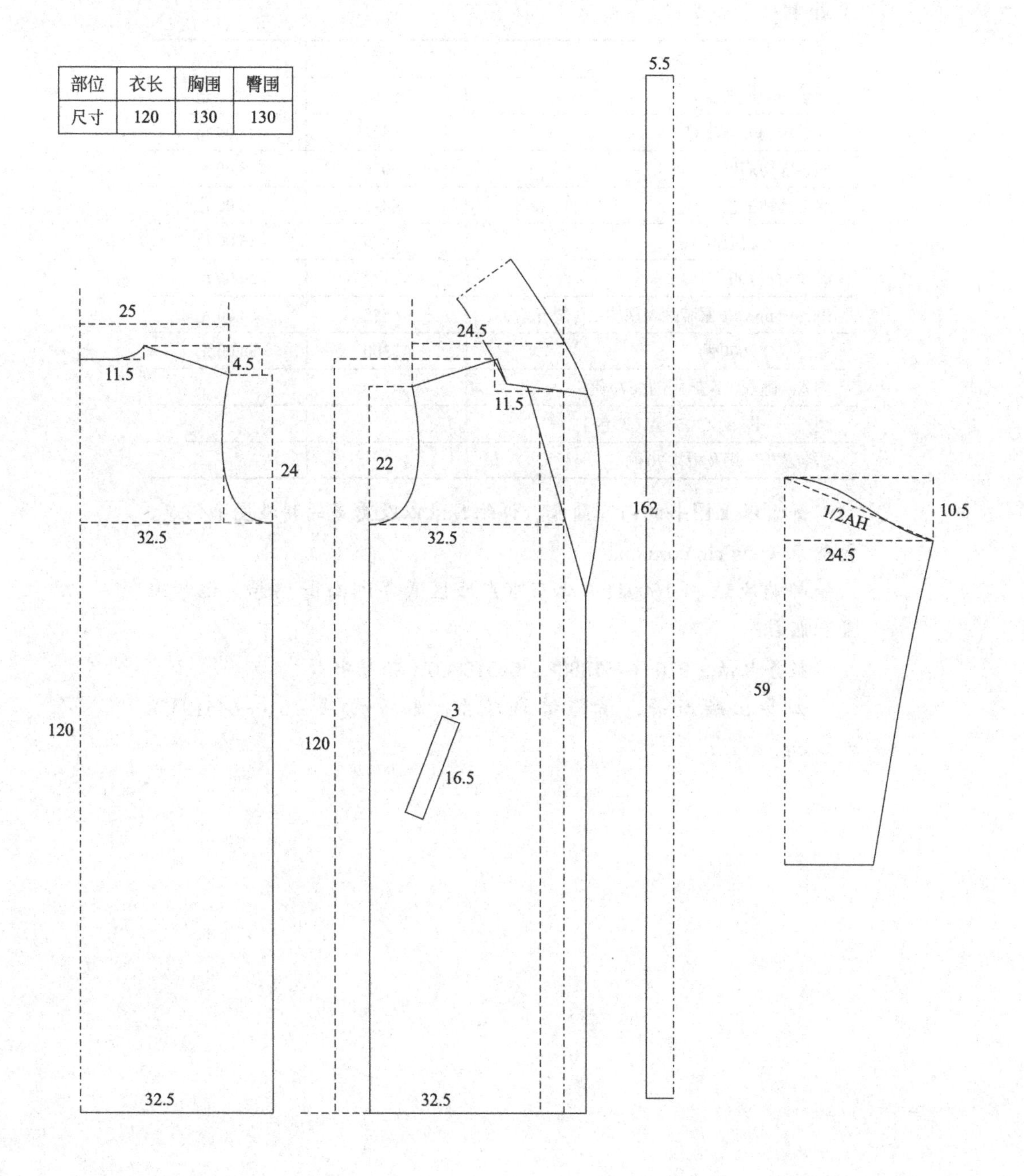